咖啡与生活

张晓芳　娄予强　黄家雄　程金焕 ◎ 主编

中国农业科学技术出版社

图书在版编目（CIP）数据

咖啡与生活 / 张晓芳等主编 . --北京：中国农业科学技术出版社，
2023.6

ISBN 978-7-5116-6312-2

Ⅰ . ①咖…　Ⅱ . ①张…　Ⅲ . ①咖啡—基本知识　Ⅳ . ① TS971.23

中国国家版本馆 CIP 数据核字（2023）第 109338 号

责任编辑	徐定娜
责任校对	马广洋
责任印制	姜义伟　王思文

出 版 者	中国农业科学技术出版社
	北京市中关村南大街 12 号　　邮编：100081
电　　话	（010）82105169（编辑室）　（010）82106624（发行部）
	（010）82109709（读者服务部）
网　　址	https://castp.caas.cn
经 销 者	各地新华书店
印 刷 者	北京科信印刷有限公司
开　　本	170 mm×240 mm　1/16
印　　张	14
字　　数	233 千字
版　　次	2023 年 6 月第 1 版　2023 年 6 月第 1 次印刷
定　　价	128.00 元

作者简介

姓 名	工作单位	职 称
张晓芳	云南省农业科学院热带亚热带经济作物研究所	助理研究员
娄予强	云南省农业科学院热带亚热带经济作物研究所	副研究员
黄家雄	云南省农业科学院热带亚热带经济作物研究所	研究员
程金焕	云南省农业科学院热带亚热带经济作物研究所	副研究员
何红艳	云南省农业科学院热带亚热带经济作物研究所	副研究员
吕玉兰	云南省农业科学院热带亚热带经济作物研究所	研究员
罗心平	云南省农业科学院热带亚热带经济作物研究所	研究员
李亚男	云南省农业科学院热带亚热带经济作物研究所	副研究员
杨 旸	云南省农业科学院热带亚热带经济作物研究所	助理研究员
武瑞瑞	云南省农业科学院热带亚热带经济作物研究所	助理研究员
毕晓菲	云南省农业科学院热带亚热带经济作物研究所	助理研究员
胡发广	云南省农业科学院热带亚热带经济作物研究所	研究员
李贵平	云南省农业科学院热带亚热带经济作物研究所	副研究员
严 炜	云南省农业科学院热带亚热带经济作物研究所	副研究员
周先艳	云南省农业科学院热带亚热带经济作物研究所	副研究员
段春芳	云南省农业科学院热带亚热带经济作物研究所	副研究员
张翠仙	云南省农业科学院热带亚热带经济作物研究所	助理研究员
付兴飞	云南省农业科学院热带亚热带经济作物研究所	助理研究员
张永超	云南省农业科学院热带亚热带经济作物研究所	助理研究员
陈继丽	云南省农业科学院热带亚热带经济作物研究所	助理研究员
杨建东	云南省农业科学院热带亚热带经济作物研究所	助理研究员
李林虹	云南省农业科学院热带亚热带经济作物研究所	助理实验师
钟青贵	云南省农业科学院热带亚热带经济作物研究所	馆员
李亚麒	云南省农业科学院热带亚热带经济作物研究所	研究实习员
喻好好	云南省农业科学院热带亚热带经济作物研究所	研究实习员
李忠贤	云南省农业科学院热带亚热带经济作物研究所	研究实习员
刘德欣	云南省农业科学院热带亚热带经济作物研究所	研究实习员
王 娜	云南省农业科学院热带亚热带经济作物研究所	
李 宏	云南省农业科学院热带亚热带经济作物研究所	
李宝珠	云南省标准化研究院	正高级工程师
杨 帆	云南省标准化研究院	高级工程师
余 爽	凉山彝族自治州林业草原科学研究院	高级农艺师
施莉莉	保山市隆阳区经济作物技术推广站	农艺师
张怀义	怒江粒述咖啡有限公司	

前　言

　　咖啡是世界三大饮料作物之一，在国际期货贸易中占有举足轻重的位置。我国最早引进咖啡是在1884年，在随后的100多年里，中国咖啡产业历经波折，目前已发展成为我国热区农业重要的组成部分之一。当前，我国咖啡种植省份主要集中在云南省、海南省，其中2022年云南省咖啡种植面积和产量均占全国的98%以上。

　　2021年5月12日，云南省委省政府保山现场办公会提出"全链条重塑咖啡产业"后，云南保山、德宏、普洱等地政府纷纷积极响应，论坛不断，培训不断，好讯不断，赛事不断，主流媒体报道不断！同时中国移动、中国邮政、华为、李宁等国内大型企业纷纷挤入咖啡赛道。3年来，咖啡品牌注册、咖啡店数量呈迅猛增长态势，中国咖啡产业面貌为之一新！咖啡生豆的价格一度攀升至40元/千克，开创了目前为止中国咖啡生豆贸易的最高价格。2022年中国咖啡及制品进口量为17.53万吨，较上年增长5.67%；进口金额为11.00亿美元，较上年增长31.65%。2017—2022年中国咖啡及制品进出口贸易年均逆差3.74亿美元，其中2022年逆差8.04亿美元，创历史新高。随着中国消费量增长，中国咖啡国际贸易逆差将呈常态化。

长期以来，普通大众接触到咖啡的机会并不多，加之中国咖啡产区高度集中，产区以外的许多消费者对云南咖啡知之甚少。鉴于此，编者参考了国内外的科研学术资料，对咖啡的基本情况、加工方法、营养价值及保健功能、冲煮方法等进行了全面的介绍。

由于时间仓促，加之作者能力与水平有限，难免发生疏漏，不足之处恳请广大读者见谅！

编　者

2023 年 5 月

目 录

第一章

认识咖啡

第一节　咖啡历史

一、咖啡物种的发现

　　关于人类最早发现和饮用咖啡的历史已无籍可考。相传远古时代，埃塞俄比亚有一位叫卡尔迪（Kaldi）的年轻牧羊人，在牧羊时发现羊吃了一种红色的浆果后显得异常兴奋欢快，卡尔迪很好奇，也吃了这种红色的浆果，于是倍感精神振奋，疲劳顿消，从而开创了人类饮用咖啡的历史（张箭，2006）。大多数学者认为，人类发现和饮用咖啡是在东非的文明古国埃塞俄比亚，小粒种咖啡树的原产地在植物学界和咖啡业界公认的说法是埃塞俄比亚的咖法（Kaffa）热带雨林地区（图1-1）。埃塞俄比亚人于公元四世纪发现小粒种咖

图1-1　埃塞俄比亚咖法（Kaffa）热带雨林野生咖啡（黄家雄　供图）

啡，公元五、六世纪埃塞俄比亚盖拉族已开始嚼食咖啡果，其后他们将磨碎的咖啡豆与动物的脂肪混合，制作成能量棒，当作长途旅行的体力补充剂（李学俊，2014）。这些早期传说开启了人类采撷、栽培、加工和饮用咖啡的文明历史。

二、咖啡物种分类

咖啡起源于非洲中部热带雨林地区，为热带雨林下层灌木或小乔木树种。咖啡为植物界（Plantae）被子植物门（Angiospermae）双子叶植物纲（Dicotyledoneae）茜草目（Rubiales）茜草科（Rubiaceae）咖啡属（Coffea）植物（陈伟球，1999）。据2006年英国植物学家 Aaron P Davis（艾隆·戴维斯）研究发现咖啡属有植物103种，其中生产性栽培种有小粒种咖啡（Coffea arabica L.）、中粒种咖啡（Coffea canephora Pierre ex A.Froehner）、大粒种咖啡（Coffea liberica Bull ex Hiern）和埃塞尔萨种（Coffea excelsa Chev.）。小粒种咖啡（图1-2）原产于埃塞俄比亚咖法（Kaffa）热带雨林，中粒种咖啡（图1-3）和埃塞尔萨种咖啡原产于刚果盆地热带雨林，大粒种咖啡（图1-4）原产于利比里亚热带雨林。经过人类千年来的选择，目前全球已有咖啡品种300多个。

小粒种咖啡：又称阿拉伯种咖啡（Arabica），因瑞典植物学家林奈（Linnaeus）于1753年在阿拉伯半岛发现而得名，其实小粒种咖啡原产于非洲埃塞俄比亚咖法省（Kaffa）邦嘎（Bonga）地区曼奇拉（Mankira）森林，约公元4世纪被埃塞俄比亚人发现并食用或饮用，于公元575年传入也门，并由此向全球传播。小粒种咖啡为异源四倍体植物，染色体数 $4n=44$，为自花授粉植物，因此其种子繁殖的实生后代性状较稳定，生产上通常采用种子繁殖育苗。我国云南省栽培的咖啡99%以上都属于小粒种咖啡。

中粒种咖啡：又称罗布斯塔种咖啡（Robusta），于1897年由植物学家 Pierre 和 Froehner 在刚果河流域发现并命名。中粒种咖啡为二倍体植物，染色

图 1-2 小粒种咖啡
（黄家雄 供图）

图 1-3 中粒种咖啡
（黄家雄 供图）

图 1-4 大粒种咖啡
（黄家雄 供图）

体数 $2n$=22，为异花授粉植物，因此其种子繁殖的实生后代性状变异很大（黄家雄等，2009），可采用嫁接繁殖或插播繁殖育苗，以保持品种遗传稳定性。目前，在越南等地广泛栽培，我国海南省生产性栽培的都是中粒种咖啡。

大粒种咖啡：又称利比里亚种咖啡（Liberica），原产非洲西海岸利比里亚的低海拔森林内，于 1874 年由植物学家 William Bull 发现并命名，大粒种咖啡为二倍体植物，染色体数 $2n=22$，为异花授粉植物，因此其种子繁殖的实生后代性状变异很大。目前，在非洲有少量生产性种植（黄家雄等，2009）。

三、世界咖啡传播

由于咖啡具有提神醒脑等功效，因而深受消费者欢迎，并通过贸易等渠道由原产地埃塞俄比亚向阿拉伯半岛和全球传播，并成为风靡全球经久不衰的饮品。世界咖啡传播事件编年表见表 1-1。

表 1-1　世界咖啡传播事件编年表

时间	事件
公元 4 世纪	远古时代埃塞俄比亚发现食用咖啡。
公元 6 世纪	咖啡由埃塞俄比亚传入阿拉伯也门。
公元 12 世纪	阿拉伯商人将咖啡树的种子引进中东。
公元 13 世纪	咖啡由阿拉伯传至埃及、叙利亚、伊朗、土耳其。
公元 14 世纪	阿拉伯半岛南部地区的人们开始焙炒咖啡，或在咖啡液中加糖，或加奶，开启了多种多样的饮法。
公元 15 世纪	1454 年，阿拉伯也门王朝颁令允许将咖啡作为饮料和栽种咖啡。同时，禁止咖啡生豆与种子向阿拉伯以外国家输出，只允许烘焙过的咖啡熟豆出口。
公元 16 世纪	1517 年，奥斯曼驻也门总督奥兹德米尔（Ozdemir）将咖啡传入伊斯坦堡。
公元 16 世纪	16 世纪 30 年代，大马士革出现了世界上第一家商业性经营的咖啡馆。
公元 17 世纪	1600 年，咖啡从埃及传入印度。
公元 17 世纪	1615 年，威尼斯商人将咖啡从土耳其伊斯坦堡引进到欧洲，而意大利是咖啡登陆欧洲的第一站。

续表

时间	事件
公元 17 世纪	1616 年，荷兰商人彼得·万·德·布罗克（Pieter Van Der Broecke）第一次将咖啡种苗运出了戒备森严的摩卡港。途经阿拉伯海、印度洋、大西洋、英吉利海峡绕道才最终运到荷兰。
公元 17 世纪	1641 年，日本政府在长崎出岛设立荷兰商馆，成为日本传播咖啡的舞台。
公元 17 世纪	1650 年，荷兰公使瓦尔纳在土耳其出版了一部论述咖啡的专著。
公元 17 世纪	1650 年，英国牛津出现西欧第一家咖啡馆。
公元 17 世纪	1657 年 5 月 26 日，伦敦 Publick Adviser 上发布了世界上第一张咖啡广告。
公元 17 世纪	1670 年，Dorthy Jones 女士在美国波士顿地区推广咖啡，并开设了波士顿第一家咖啡馆。
公元 17 世纪	1671 年，法国第一家咖啡馆在马赛开张。
公元 17 世纪	1679 年，来自伦敦的英国商人在汉堡开办了德国第一间咖啡馆。
公元 17 世纪	1683 年，威尼斯的第一家咖啡馆开业。随后，意大利的许多城镇都出现了咖啡馆。同年 9 月 12 日维也纳战役后，土耳其战败后留下许多麻袋咖啡，当时咖啡还不为维也纳人所知，只有哥辛斯基要了咖啡这个战利品，后来开办了维也纳第一家咖啡馆。
公元 17 世纪	1689 年，北美第一家咖啡馆 London Coffee House 在北美当时最大的城市波士顿开业。
公元 17 世纪	1690 年，荷兰通过"走私"阿拉伯地区咖啡种子开始在锡兰（斯里兰卡）和爪哇等地栽种咖啡。
公元 17 世纪	1696 年，美国纽约第一家咖啡馆开业。
公元 17 世纪	1699 年，荷兰人又把咖啡树苗和种子从印度南部的马拉巴尔海岸传运到印度尼西亚爪哇的巴达维亚、苏门答腊岛、西里伯斯岛、巴厘岛和帝汶岛及东印度群岛成功栽种。
公元 18 世纪	1714 年，荷兰人赠送给法国国王 1 株咖啡种苗。
公元 18 世纪	1715 年，法国人将咖啡树种带到非洲波旁（Bourbon）岛（今留尼汪岛），开始了在法属殖民地地区传播咖啡栽培。
公元 18 世纪	1721 年，德国柏林的第一家咖啡馆开张。
公元 18 世纪	1723 年，咖啡从法国传入马提尼克岛等加勒比海地区。
公元 18 世纪	1725 年，咖啡传入牙买加，在圣安德鲁（St.Andrew）地区推广种植。
公元 18 世纪	1727 年，咖啡由圭亚那传入巴西。
公元 18 世纪	1732 年，咖啡传入哥伦比亚。

续表

时间	事件
公元 18 世纪	1750 年，咖啡由杰苏伊特（Jesuit）神父引进危地马拉种植；同年咖啡也传入菲律宾。
公元 18 世纪	1748 年，咖啡传入古巴。
公元 18 世纪	1764 年，咖啡传入秘鲁。
公元 18 世纪	1773 年，因为美国波士顿的倾倒红茶事件，咖啡由此成为美国普遍的饮料。
公元 18 世纪	1779 年，咖啡传入哥斯达黎加。
公元 18 世纪	1784 年，咖啡传入委内瑞拉。
公元 18 世纪	1790 年，咖啡传入墨西哥。
公元 19 世纪	1808 年，一名牧师经委内瑞拉将咖啡豆首次引进哥伦比亚。
公元 19 世纪	1828 年，一名牧师将咖啡树苗带到了美国夏威夷群岛。
公元 19 世纪	1878 年，英国人带咖啡重返非洲。
公元 19 世纪	1884 年，英国茶商在中国台湾省台北市的三峡地区引入咖啡种植。
公元 19 世纪	1893 年，由滇缅边民从缅甸将咖啡引入瑞丽弄贤寨种植。
公元 19 世纪	1898 年，海南文昌华侨从马来西亚带回咖啡种子，种活 12 株。
公元 20 世纪	1904 年，法国传教士田德能将咖啡带入大理朱苦拉村，种植于天主教堂后墙下。
公元 20 世纪初至 20 世纪末	咖啡已传遍亚、非、拉等热区。

资料来源：中国咖啡史（陈德新，2017）。

四、世界咖啡生产

据统计，2022 年全球栽培咖啡的国家和地区有 78 个，全球咖啡收获面积 1 136.63 万公顷，总产量 1 036.50 万吨，价格 190.63 美分 / 磅，农业产值 435.61 亿美元；其中产量前 5 名的是巴西 375.60 万吨、越南 181.32 万吨、哥伦比亚 75.60 万吨、印度尼西亚 68.10 万吨、埃塞俄比亚 49.50 万吨（表 1-2）。咖啡出口量 835.55 万吨，进口量 816.02 万吨，消费量 1 007.67 万吨，库存量 203.68 万吨（以上数据来源于联合国粮食及农业组织、美国农业部和国际咖啡组织官方网站）。

表1-2　全球咖啡产量统计（2022年）

序号	国家	产量（万吨）	序号	国家	产量（万吨）
1	巴西	375.60	14	中国	11.46
2	越南	181.32	15	哥斯达黎加	8.19
3	哥伦比亚	75.60	16	坦桑尼亚	6.90
4	印度尼西亚	68.10	17	科特迪瓦	6.30
5	埃塞俄比亚	49.50	18	肯尼亚	4.80
6	乌干达	39.90	19	巴布亚新几内亚	4.50
7	印度	37.44	20	泰国	4.20
8	洪都拉斯	36.00	21	萨尔瓦多	3.45
9	秘鲁	25.20	22	委内瑞拉	3.00
10	墨西哥	23.07	23	老挝	2.91
11	危地马拉	22.38	24	菲律宾	2.85
12	尼加拉瓜	16.68	25	喀麦隆	2.70
13	马来西亚	12.00	26	其他	13.11

资料来源：美国农业部统计数据。

五、中国咖啡来源

1. 台湾

1884年，英国商人从菲律宾将咖啡引入中国台湾，在台北、台中和高雄栽培。

2. 云南

1892年（也有1904年引进说）法国传教士将越南咖啡引入大理州宾川县平川镇朱苦拉村种植，目前周边（楚雄大姚县铁锁乡）咖啡种植面积约1 000亩（1亩≈666.67平方米，下同），其中有古树1 100株、百年古树24株，有中国现存的最古老咖啡树，具有咖啡"活化石"之称。该种源主要在周边传播，扩散面积不大；据云南省农业科学院热带亚热带经济作物研究所热作专家马锡晋考证，该品种的结构为 69% 波旁（Bourbon）和 31% 铁皮卡（Typica）的混合群体。1893 年，景颇族边民从缅甸将咖啡引入德宏州瑞丽市户育乡弄贤寨种植（李贵平等，2020）。朱苦拉古咖啡园见图 1-5，朱苦拉古咖啡树见图 1-6。

图 1-5　朱苦拉古咖啡园（娄予强　摄）

图 1-6　朱苦拉古咖啡树（娄予强　摄）

1952 年，云南省农业科学院热带亚热带经济作物研究所张意所长和科技人员马锡晋在德宏州芒市遮放镇傣族土司多英培庭院发现小粒种咖啡资源并引入保山市隆阳区潞江坝种植，从此开创了中国咖啡研究和产业化开发的新纪元。据考证，该品种的结构为 83.6% 铁皮卡（Typica）和 16.4% 波旁（Bourbon）的混合群体，这是中国规模化咖啡生产的第一批种源。自 1955 年和 1956 年国营潞江农场和国营新城农场分别成立后，保山、龙陵等周边大批"移民"进入潞江坝，为满足东欧国家需求，掀起了潞江坝发展咖啡的热潮。二十世纪五六十年代，潞江坝已成为中华人民共和国第一个小粒种咖啡生产和出口基地。

1980 年后，随着改革开放的不断深入和国际合作交流日益频繁，特别是 1989 年后，随着雀巢、星巴克等跨国咖啡企业纷纷进入中国市场，国外卡蒂姆等系列咖啡新品种也在云南产区得到推广种植。

3. 海南

据 1981 年 2 月 7 日《海南日报》介绍，海南文昌华侨邝世连于 1898 年从马来西亚带回咖啡种子栽培在自家院中，品种为大粒种咖啡。这有可能是海南最早引种的咖啡。华侨陈显彰在海南澄迈县福山成立"福民垦殖公司"，大面积种植咖啡，并开始进行商业性生产。1951—1961 年，海南共种植咖啡 2.14 万亩，全部为中粒种咖啡（陈德新，2017）。

六、中国咖啡简史

我国咖啡生产经历了曲折的发展历程，其历程可分为以下几个时期。

1884—1951 年：自发阶段。由传教士、华侨、边民自发引种，主要为满足自身需要，没有大规模生产种植。

1952—1965 年：起步阶段。为了满足东欧国家需求，在保山建成全国第一个小粒种咖啡生产和出口基地，在海南建成中粒种咖啡生产和出口基地。

1966—1976 年：低谷阶段。中苏关系恶化，咖啡出口受阻，国内大众尚未形成饮咖啡的习惯，加之"文革"期间饮用咖啡被当作资产阶级行为，因此咖啡大部分被毁，到"文革"结束，只有零星的 1 000 多亩。

1977—1987 年：恢复阶段。十一届三中全会的召开，吹响了改革开放的号角，1980 年中央四部一社在保山召开全国咖啡工作会，掀起咖啡热潮。

1988—2005 年：提速阶段。雀巢、麦氏等纷纷进入中国市场，云南咖啡种植得到稳步发展。

2006 年至今：转型阶段。随着国内消费量的不断增长，咖啡由原料出口为主向原料和精深加工产品销售并重转变，由原料出口逐步向二产、三产转型升级，近年来一二三产融合发展初具雏形。特别是云南省提出要聚力打造世界一流"绿色食品牌"，按照"大产业＋新主体＋新平台"发展思路，全链条重塑咖啡产业，云南省咖啡产业依托基地，走一二三产融合发展道路，通过"互联网＋咖啡""旅游＋咖啡"等形式，大力发展二三产业，实施一二三产融合发展道路。云南咖啡园见图 1-7。

图 1-7　云南咖啡园（黄家雄　供图）

七、中国咖啡生产

据统计（表1-3），2022年，中国咖啡面积129.44万亩，产量11.51万吨，农业产值35.04亿元，其中云南省占98%以上；出口量55 958.90吨，出口金额29 639.55万美元；进口量175 323.17吨，进口金额110 019.76万美元；消费量达28.80万吨，期末库存量3.52万吨，我国咖啡消费量占全球的2.86%，居全球第七位，我国咖啡市场规模接近5 000亿元〔农业农村部农垦局统计数据（2022年9月）〕。

表1-3 中国咖啡生产统计（2022年）

省 （自治区）	总面积		总产量		农业产值	
	数量 （万亩）	占比 （%）	数量 （吨）	占比 （%）	数量 （万元）	占比 （%）
云南	127.34	98.38	113 629.20	98.70	344 752.40	98.39
海南	1.78	1.38	1 337.60	1.16	5 200.00	1.48
四川	0.02	0.02	11.40	0.01	4.56	0.00
广东	0.20	0.15	143.00	0.12	412.56	0.12
广西	0.10	0.08	2.50	0.00	7.21	0.00
合计	129.44	100.00	115 123.70	100.00	350 376.73	100.00

资料来源：云南省调度数据。

八、云南咖啡生产

2022年，云南省咖啡种植面积127.34万亩，产量11.36万吨，综合产值418.23亿元，其中农业产值34.48亿元、加工业产值220.92亿元、批发零售业增加值 162.84 亿元（表 1-4）。咖啡产业对热区农民增收致富、乡村振兴以及人民生活质量提升具有重要左右。

表 1-4 云南咖啡生产统计（2022 年）

州市	面积（万亩）	产量（万吨）	农业产值（亿元）	工业产值（亿元）	批发零售业增加值（亿元）	综合产值（亿元）
普洱市	65.23	5.58	17.02	81.87	8.76	107.65
临沧市	31.18	1.31	3.01	28.91	1.29	33.21
保山市	13.65	2.26	9.31	39.11	11.34	59.76
德宏州	7.40	1.11	2.39	39.87	9.51	51.77
版纳州	6.69	0.93	2.29	7.24	1.75	11.28
文山州	1.76	0.04	0.10	0.27	0.99	1.36
怒江州	0.92	0.09	0.19	0.46	0.13	0.78
大理州	0.36	0.03	0.10	3.51	5.77	9.38
楚雄州	0.15	0.01	0.07	0.46	1.01	1.54
昆明市	0.00	0.00	0.00	19.22	106.42	125.64
昭通市	0.00	0.00	0.00	0.00	0.41	0.41
曲靖市	0.00	0.00	0.00	0.00	3.87	3.87
玉溪市	0.00	0.00	0.00	0.00	6.80	6.80
红河州	0.00	0.00	0.00	0.00	0.93	0.93
丽江市	0.00	0.00	0.00	0.00	3.70	3.70
迪庆州	0.00	0.00	0.00	0.00	0.15	0.15
合计	127.34	11.36	34.48	220.92	162.84	418.23

资料来源：云南省调度数据。

第二节　咖啡产区

　　根据国际咖啡组织（ICO）于 2023 年 4 月公布的《咖啡研究报告和展望》，2021/2022 年度全球咖啡豆总产量约为 1.71 亿袋（60 千克／袋）。其中小粒种咖啡 9 856 万袋，占比 57.5%；中粒种咖啡 7 271 万袋，占比 42.5%。全世界主要存在三大咖啡产区，分别是拉丁美洲咖啡产区、亚太咖啡产区以及非洲咖啡产区，面积最大的咖啡产区是拉丁美洲咖啡产区。生产小粒种咖啡前十位的国家分别是：巴西、哥伦比亚、埃塞俄比亚、洪都拉斯、秘鲁、墨西哥、危地马拉、尼加拉瓜、印度尼西亚和越南；生产中粒种咖啡前九位的国家分别是：越南、巴西、印度尼西亚、乌干达、印度、科特迪瓦、坦桑尼亚、马达加斯加、刚果（布）。

一、拉丁美洲产区

　　据 ICO 公开资料显示，拉丁美洲是世界最大的咖啡产区，2021/2022 年度拉丁美洲生产咖啡 1.02 亿袋，占全世界的 59.64%，而南美洲咖啡产量高达 8 242 万袋，占拉丁美洲总产量的 80.69%。其中巴西、哥伦比亚、危地马拉、墨西哥、洪都拉斯、秘鲁等国是主要的咖啡生产国。

　　拉丁美洲的圣保罗高原、安第斯山地区、加勒比海地区是咖啡的集中产区，尤其是巴西东南部的圣保罗高原最为著名。拉丁美洲的危地马拉、墨西哥、哥斯达黎加、萨尔瓦多、洪都拉斯等也是重要的咖啡生产国（汪建敏，1986）。

1. 巴西

巴西是世界最大的咖啡出口国，巴西有超过 30 万个咖啡农庄，分布于米纳斯州、圣埃斯皮里图州、圣保罗州、巴伊亚州、巴拉那州、朗多尼亚州等全国的 11 个州（许宝霖，2017）。巴西种植的咖啡包括小粒种咖啡和中粒种咖啡。小粒种咖啡主要种植于米纳斯州。米纳斯州在巴西生产咖啡各大州中产量最大，米纳斯州的产量占巴西总产量的一半。中粒种咖啡主要种植在圣埃斯皮里图州（古晋，2003）。巴西咖啡园见图 1-8。

图 1-8　巴西咖啡园（黄家雄　供图）

2. 哥伦比亚

哥伦比亚咖啡是世界上较著名的咖啡之一，是高品质咖啡的代表。哥伦比亚拥有无与伦比的气候优势。咖啡主产区位于安第斯山脚下，那里延伸着科迪勒拉山脉、中科迪勒拉山脉和西科迪勒拉山脉，咖啡就种植在这些山脉形成的高地上。这里气候温和、空气潮湿，在不同时期，不同种类的咖啡都能相继成熟。全国有30%～40%的农村人口生活都直接依靠咖啡生产。咖啡农场面积一般只有30亩左右。哥伦比亚是继巴西之后的第二大咖啡生产国，以及世界上最大的小粒种咖啡豆出口国、水洗咖啡豆出口国（来君，2014）。

3. 危地马拉

危地马拉是中美洲咖啡的代表产地。危地马拉种植的咖啡品种大多是小粒种，品种包括波旁、铁皮卡、卡杜拉、卡杜艾、帕卡马拉。咖啡产区大致可划分为：安提瓜、韦韦特南戈、阿玛蒂兰、弗赖哈内斯、圣马科斯、新东方、艾咔特喃果等8个大的咖啡产区。加工方式以水洗为主。危地马拉高海拔咖啡产区生产的咖啡，因酸味和苦味达到了较好的平衡而世界闻名（崛口俊英，2014）。

4. 墨西哥

墨西哥的咖啡产量居世界第五位，墨西哥咖啡的主要产区有恰帕斯、瓦哈卡、阿尔图拉科阿塔派克。墨西哥闻名世界的是阿尔图拉咖啡。阿尔图拉咖啡主要种植在海拔1 700米以上的瓦哈卡的火山地带，这种咖啡豆颗粒大，具有强烈的甜味、酸味和芳香味（来君，2014）。

5. 牙买加

牙买加是著名的蓝山咖啡的产地。蓝山咖啡的三大产区分别是：圣安德鲁产区、波特兰产区和圣托马斯产区。在众多咖啡当中，牙买加生产的蓝山咖啡可谓是咖啡当中的贵族，有着浓郁、均衡、富有水果味和酸味的特点（伊记，2014）。

牙买加咖啡产业委员会（CIB）依据种植海拔等因素将牙买加的咖啡分为3个等级：牙买加蓝山咖啡、牙买加高山咖啡和牙买加咖啡。牙买加是世界上生产咖啡较少的国家之一，蓝山咖啡每年仅产4万袋（60千克/袋）左右（计数上国际惯例以"袋"为单位）。为了完整地保存蓝山咖啡的风味，牙买加仍在使用木桶对咖啡进行包装运输，每桶盛装 70 千克咖啡豆。牙买加也是最后一个仍使用木桶包装运输咖啡的国家（孙玥，2018）。

6. 萨尔瓦多

萨尔瓦多咖啡种植区，主要分布于西部阿瓦查潘、松索纳特、圣萨尔瓦多；东部圣米盖、乌苏鲁坦、北部的查拉特南戈等地。萨尔瓦多知名的咖啡品种是波旁种和帕卡马拉种。优质的萨尔瓦多波旁容易带有清新花香；水果风味有柑橘、葡萄柚、莓果等，甜度细致，巧克力或香草风味也常出现。另一款萨尔瓦多人工培育出的帕卡马拉种，近年在卓越杯竞赛大放异彩。优质的帕卡马拉常具备厚实质地（Body）、热带水果风味，带明亮果酸、香料风味，也具备糖浆般的浓甜感（许宝霖，2017）。

7. 哥斯达黎加

哥斯达黎加咖啡有"咖啡生产国中的瑞士"美誉。哥斯达黎加生产的咖啡以质量严格著称，次等货或劣等货往往会被弃掉或用来制成其他产品。位于首都南部的塔拉珠是世界上一个主要优质咖啡产地。而拉米尼塔塔拉珠更是当地名产，咖啡产量每年只有七万多千克，且不会使用任何农药或人造肥料。除了拉米尼塔塔拉珠外，哥斯达黎加尚有很多著名的产区，例如胡安维那斯、蒙迪贝洛及圣塔罗沙等。哥斯达黎加咖啡一般在海拔 1 500 米以上生长，出产的咖啡为极硬豆（SHB）（黄浩辉，2015）。哥斯达黎加是蜜处理为主的产地，优质的哥斯达黎加的蜜处理豆子，带有香瓜的香气、枫叶糖浆和牛奶巧克力的余韵（王森，2017）。

8. 洪都拉斯

洪都拉斯的咖啡栽培是从其邻国萨尔瓦多传播过来的（藤田政雄，2012）。洪都拉斯咖啡大面积种植在从西部一直延伸至南部的山岳地带，但最有名的是圣巴巴拉省，该省出产的咖啡占该国总产量的1/3 以上。洪都拉斯咖啡的特点

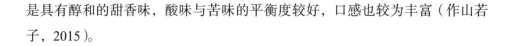
是具有醇和的甜香味，酸味与苦味的平衡度较好，口感也较为丰富（作山若子，2015）。

9. 巴拿马

巴拿马翡翠庄园瑰夏咖啡自 2005 年参加巴拿马国宝豆杯测大赛起，连续三年拔得头筹，由此巴拿马咖啡便受到了全世界的广泛关注。巴拿马咖啡产地主要位于与西部邻国哥斯达黎加接壤的齐立科县。其中位于东面巴鲁火山斜面的博奎特是最古老的咖啡种植基地，海拔 1 000~2 000 米。种植的咖啡品种大部分为卡杜拉或卡杜艾，也有铁皮卡、波旁。巴拿马的咖啡有一种独一无二的香味，优质庄园出产的铁皮卡咖啡香味优美而醇厚。卡杜拉咖啡酸味强烈，口感浓郁（崛口俊英，2014）。

10. 尼加拉瓜

尼加拉瓜位于中美洲中部，是咖啡种植环境和技术发展比较晚的国家。该国 2002 年以主办卓越杯（COE）品评会为契机，开发出来大量优质精品咖啡，在国际上获得了很高的评价。其产出的咖啡通常有着优质醇厚的口感，任何人都可以用其冲泡出美味的饮品。"爪哇尼卡（Javanica）"系尼加拉瓜特有的咖啡品种，带有茉莉花般的花香和柑橘类的果香，给人华丽的印象（田口护，2017）。

11. 秘鲁

据联合国粮食及农业组织的统计，秘鲁咖啡豆产量居世界第八位。秘鲁咖啡园主要分布于北部卡加玛卡南部库斯科和普诺一带，咖啡品种以铁皮卡居多，其余为卡杜拉和波旁等（韩怀宗，2018）。秘鲁咖啡的分级是以瑕疵豆的点数为标准进行的，分别经过风压鉴别、电子鉴别、手选挑拣等过程，ESHP[*]为最高等级（藤田政雄，2012）。

二、非洲产区

据 ICO 公开资料显示，非洲 2021/2022 年度生产咖啡 1 940 万袋，占全世界总产量的 11.3%。其中埃塞俄比亚、乌干达、肯尼亚、坦桑尼亚、科特迪瓦、喀麦隆等国家是非洲咖啡的主产区。

1. 埃塞俄比亚

埃塞俄比亚是小粒种咖啡（*Coffea arabica* L.）的物种起源中心，具有丰富的种质资源，是全球咖啡主要生产国、出口国和消费国之一。埃塞俄比亚全国咖啡从业人口 520 万人，森林咖啡（forest coffee）/ 半森林咖啡（semi-forest coffee），即野生、半野生（图 1-9）栽培模式占产量的 60%；庭院咖啡（Garden coffee），占总产量的 35%；庄园咖啡（Plantation coffee），即集约化、规模化栽培模式占总产量的 5%。埃塞俄比亚咖啡 70% 的产量由小农户采用干法自行加工，30% 由投资建设水洗站集中加工。大宗咖啡出口必须经埃塞俄比亚商品交易中心（ECX）质量检验和认证方可交易，否则不能出口（黄家雄等，2020）。

图 1-9　埃塞俄比亚半野生咖啡（黄家雄　供图）

2. 乌干达

乌干达是非洲第二大咖啡种植国，主要产地是布吉苏、埃尔贡、鲁文佐，种植海拔为 1 000～1 200 米，气候温和。乌干达主要种植中粒种，6%～15%是小粒种。水洗法处理为主。生豆外观特征：颗粒较大，外形扁长，含水率高，呈淡绿色，易辨别（鲍晓华等，2019）。

3. 肯尼亚

肯尼亚咖啡具有葡萄酒般浓烈的酸味，是一种综合了不同水果味的咖啡类型。肯尼亚境内约有330座咖啡种植园，主要位于海拔1 500～2 100米的地区。肯尼亚山地区与埃尔贡山地区通常种植小粒种，代表品种是SL28、SL34、K7和鲁伊鲁11。加工方式以湿处理法为主。

4. 坦桑尼亚

咖啡是坦桑尼亚的第一作物，许多农民赖以为生（柯明川，2012）。坦桑尼亚咖啡豆生产于非洲大陆最高的乞力马扎罗山，高度 3 000 英尺至 6 000 英尺（1 英尺＝0.304 8 米，下同）的山岳地带，是最适合栽培咖啡的地区（富田佐奈荣，2011）。坦桑尼亚栽种的咖啡品种主要有小粒种和中粒种，以小粒种为主（李巧长，2014）。坦桑尼亚咖啡采用水洗式的处理法，特质接近肯尼亚咖啡，但是酸味较弱，是比较温和的咖啡；整体而言，质量不及肯尼亚咖啡。坦桑尼亚圆豆（Tazania Peaberry）具有沉稳的调性，浓稠顺口，常被用来制作综合咖啡或浓缩咖啡，以增加稠度与醇度，是精选咖啡爱好者相当喜欢的一种豆子（柯明川，2012）。

5. 科特迪瓦

咖啡产量位列世界第四、非洲第一。种植的咖啡全部是中粒种咖啡，也是世界上生产中粒种咖啡最多的国家。马恩—加尼奥阿—丁博克罗—阿本古鲁这一弧形地带是其集中产区。咖啡主要向欧洲出口（汪建敏，1986）。

6. 喀麦隆

喀麦隆有丰富的火山土，高海拔，适当的降水量——所有的这一切都使得喀麦隆成为种植好咖啡的理想场所，喀麦隆是世界著名的优质咖啡主要产区。喀麦隆现有两大咖啡品种，即小粒种和中粒种。其中小粒种咖啡豆以口感浓郁著称，主要出口至德国、美国、意大利、比利时，经常用作混合咖啡的中粒种咖啡豆的出口国主要有意大利、比利时、葡萄牙、法国（李巧长，2014）。

三、亚太产区

据ICO公开资料显示，亚太地区2021/2022年度生产咖啡4 971万袋，占全世界总产量的29%。其中越南、印度、中国等是亚太地区咖啡的主产区。

1. 越南

越南咖啡主产区分布于中部高原地区的达乐省、嘉莱省、昆嵩省、林同省等，南部的东耐省、巴地头顿省、平福省等，以及一些中部沿海地区和北部山区。越南咖啡种植园10%～15%属各国有企业和农场，85%～90%属各农户和庄园主。庄园规模大，通常有2～5公顷，大型庄园为30～50公顷，但数量不多。越南是亚洲咖啡生产国中出口量最大的国家，其贸易产品以生咖啡为主，由于越南的人力成本较低，这一优势保证了其在国际咖啡市场的优势地位，成为仅次于巴西的第二大咖啡出口国（方佳等，2007）。越南中粒种咖啡园见图1-10。

2. 印度

印度是亚洲最早种植咖啡的国家，印度季风咖啡格外被欧洲人青睐，其中意大利是印度咖啡的最大买家。印度咖啡种植起源于17世纪的当地殖民者英国。在英国的统治下，印度咖啡产业发展迅速，至今产量已位居亚洲第二。印

图 1-10　越南中粒种咖啡园（黄家雄　供图）

度咖啡协会根据各地农业气候和咖啡口味的不同，将全国划分为 13 个咖啡产区，这从另一个方面表明了印度在风味、品质、种类上的多样性。印度咖啡产量的大多数来自南部三个大省，其中尤以卡纳塔克省最高，其咖啡种植面积占全国的一半以上（李巧长，2014）。

3. 中国

中国咖啡产业化种植始于 20 世纪 50 年代，目前中国咖啡产区主要分布在云南、海南。其中云南咖啡面积占全国总面积的 99% 以上，全部为小粒种咖啡，以卡蒂姆品种为主；海南省为中粒种咖啡（中粒种咖啡），海南咖啡园见图 1-11。云南省咖啡产区分布于滇西和滇西南，其中以普洱、临沧、德宏、保山为四大产区，全省共有 9 个州（市）34 个县种植咖啡，云南咖啡园见图 1-12。2021 年云南咖啡种植面积为 139.3 万亩，产量 10.9 万吨。云南省的保山咖啡、普洱咖啡、朱苦拉咖啡、德宏咖啡以及海南省的福山咖啡、兴隆咖啡分别申请并获得了中国国家地理标志保护产品。2020 年，普洱咖啡、保山小粒咖啡、兴隆咖啡入选中欧 100 个地理标志协定首批保护名录。

图 1-11 海南咖啡园（黄家雄 供图）

图 1-12 云南咖啡园（姜予强 摄）

4. 印度尼西亚

印度尼西亚咖啡，属于世界著名的咖啡品牌，主要产于印度尼西亚的苏门答腊岛、爪哇岛和西里伯斯岛。16 世纪末开始种植，咖啡豆由荷兰殖民者征收。最先种的是小粒种，不久因其抗病力弱而淘汰；后来改种中粒种，不仅产量较高，还有一种独特的浓郁香味（陈光新，1999）。印度尼西亚最出名的莫过于曼特宁咖啡，产于印度尼西亚的苏门答腊，别称"苏门答腊咖啡"。这种咖啡风味独特，香、苦、醇厚，带有少许的甜味，一般都单品饮用（郝铭鉴等，2014）。

5. 泰国

泰国咖啡主要出产于北部。清迈山区有大片的咖啡园，出产的咖啡豆质量较高，售价适中。在清莱的咚山培育了独特的咖啡品种，命名为"咚山咖啡"，现在很受欢迎（《亲历者》编辑部，2014）。

6. 老挝

高峻而平坦的波罗芬高原是种植咖啡的理想之地，该地区出产一些世界上最好、最贵的咖啡豆。小粒种和中粒种等原种咖啡豆均有种植，大部分分布在"咖啡之都"巴松周边（澳大利亚 Lonely Planet 公司，2014）。

7. 也门

也门的咖啡产地多集中在阿拉伯半岛的中部山岳地区，由于产地的地理风貌和其他国家截然不同，可以说是很特别的咖啡产地之一。首都萨那附近的哈拉兹、巴尼马塔尔、海玛地区都是精品咖啡豆的产地。咖啡主要种植在被当地人称为"洼迪"的干涸地区（只有下雨的时候才有水流过的山谷）的峡谷斜坡的梯田里。洼迪位于山岳峡谷地带中的海拔 1 500 米处。

也门保留了从埃塞俄比亚带来的古老的咖啡品种，并成为也门的固有品种，这些也门的原有树种全是小粒种。高品质咖啡的新豆，有种掺杂着果香、辣椒及红酒的香味（崛口俊英，2014）。

四、其他产区

1. 夏威夷

夏威夷是美国唯一产咖啡的地方。夏威夷以"科纳咖啡（kona）"最为有名。咖啡种植于 Mauna Loa 火山的斜坡上。夏威夷独特的海岛型气候，造就了夏威夷咖啡略带巧克力风味的特点。夏威夷咖啡都采用无遮蔽种植，火山斜坡上的农园大都整理得相当干净，肥沃的土壤加上细致的管理，使之成为市场上的珍品（柯明川，2010）。

2. 巴布亚新几内亚

巴布亚新几内亚生产世界上约 1% 的咖啡，其中大部分是小粒种咖啡（Prior et al.，2007）。在巴布亚新几内亚，咖啡都种在海拔 1 300～1 800 米的高地。西格里咖啡庄园因其独特的高品质咖啡在国际享誉盛名。巴布亚新几内亚当地的水洗处理采用独特的三次水洗发酵的方式，每次浸泡时间约 24 小时，并更换干净的水以控制咖啡风味；清洗完毕后将生豆去除外壳再进行各项分级。这种做工精细的加工处理方式为咖啡本身带来了明亮细腻的果酸风味，充满花香和回甘，干净又绵长的甜蜜口感。咖啡口味与曼特宁的浑圆浓厚一致（鲍晓华等，2019）。

3. 澳大利亚

澳大利亚种植咖啡兼有中粒种及小粒种，主要在澳大利亚东部，大致分布于新南威尔士北方、昆士兰周边及诺福克岛等区域。澳大利亚的咖啡品质相当不错，带有岛屿豆的特性，香醇而带着温和的酸，有别于中美洲通常带着明亮酸的咖啡豆。其香味略带巧克力味，单品饮用或用于拼配都不错（鲍晓华等，2019）。

第三节　咖啡植物学特征

鉴于中国咖啡 99% 以上为小粒种咖啡，因此本节重点介绍小粒种咖啡的植物学特征。

一、根

咖啡属浅根性作物，用种子繁殖的植株根系为圆锥根系。正常情况下有一条粗而短的主根和许多发达的侧根。云南小粒种咖啡 3～4 年生结果树，主根深 70 厘米左右。根系有较明显的层状结构，一般每隔 5 厘米左右为一层，但大部分吸收根在 0～30 厘米土层，在 30 厘米以下，层次不明显，主根变细长呈吸收根形态向下伸展（龙乙明等，1997）。

二、茎

（一）芽

每个节上生长一对叶片，叶腋间有上芽和下芽（图 1-13）。上芽发育成一分枝，下芽发育成直生枝（徒长枝）（图 1-14）。在主干顶芽受到抑制或主干弯曲时下芽便萌发成具有主干生长形态的直生枝，直生枝可培育成主茎（李学俊，2014）。

图 1-13 芽（娄予强 摄）

图 1-14 下芽萌发成徒长枝（娄予强 摄）

（二）茎及分枝

咖啡的茎又称为主干，由直生枝发育而成。茎直生，嫩茎略呈方形、绿色，木栓化后呈圆形、褐色。小粒种咖啡幼苗主干长出 6～9 对真叶时，便抽出第一对一分枝。定植当年，一般长出 4～8 对一分枝，第二年一般长出 7～12 对，第三年可长 14～15 对，同时在树下层一分枝上长出二分枝（图 1-15），开始形成树冠（图 1-16）（李学俊，2014）。

图 1-15 咖啡二级分枝（娄予强 摄）

图 1-16 咖啡幼树树冠（娄予强 摄）

三、叶

叶对生，个别有三叶轮生，叶柄短，叶薄革质卵状披针形或披针形，端长渐尖，基部楔形或微钝，叶片长 12～16 厘米，宽 5～7 厘米（图 1-17、图 1-18）（恽奉世，1985；徐晔春，2015）。

图 1-17　叶片正面（娄予强　摄）　　　　图 1-18　叶片背面（娄予强　摄）

四、花

聚伞花序数个，簇生于叶腋内，花两性，芳香；花冠白色，长度因品种而异，顶部常 5 裂（图 1-19、图 1-20）（马骥等，2018）。

图 1-19　咖啡开花状（娄予强　摄）　　　　图 1-20　花器官构成（李亚男　供图）

五、果实

咖啡果为浆果，幼果一般为绿色（图1-21），特殊种质为铜绿色；果实成熟时呈橘红色、红色（图1-22）、橙色（图1-23）、黄色（图1-24）、紫红色和紫黑色，单节果实数不一；大多数果实有2粒种子，少数1粒，偶见多粒。果实形状有圆形、倒卵形、椭圆形、长椭圆形和扁圆形（李贵平等，2020）。咖啡种子见图1-25。

图1-21　咖啡绿果（娄予强　摄）

图1-22　红色咖啡果实（娄予强　摄）

图1-23　橙色咖啡果实（娄予强　摄）

图1-24　黄色咖啡果实（娄予强　摄）

图1-25　咖啡种子（娄予强　摄）

第四节　咖啡生物学习性

一、咖啡对环境条件的要求

1. 温度

咖啡属于热带作物，生长于日最低温在0℃以上、周年无霜的地区。小粒种咖啡要求年均温度在19～22℃，月均温度15℃时，生长加快，日均气温20～25℃时生长最快。气温升至28℃以上时，光合作用强度降低，叶表温度达到36℃时，嫩叶灼伤或叶缘干枯（恽奉世，1985）。在云南保山怒江干热河谷低海拔地区，温度较高、无隐蔽的咖啡园容易因温度过高而引起日灼，在灌溉条件不理想的地方会遭遇冬春干旱，同时咖啡天牛较为严重。

2. 海拔

在国内种植的咖啡大多位于海拔600～1 600米，但在海拔1 800米左右的地方也有少量咖啡基地。海拔主要是通过温度和植被影响咖啡的生长。以保山市咖啡产区为例，海拔高的地方，森林植被相对丰富，隐蔽度好，同时由于温度相对较低，果实生长速度减慢，内含物质丰富，咖啡品质较佳。国外许多咖啡基地海拔高于2 000米，是由于其国家纬度较低（赤道附近）。而云南大部分地区海拔超过1 800米以后很容易遭遇寒害。另外，随着全球气候逐渐变暖，咖啡适宜种植区域的海拔会逐渐提升。

3. 雨水

良好的雨水条件可以保证咖啡健康苗壮生长。在年降水量为1 000～1 800毫米，降雨分布均匀的热带和亚热带地区栽培最佳（李贵平等，2020）。在云南，如果拟在降水量达不到的地方发展咖啡种植，需重点关注冬春季干旱缺水的问题，可通过引水或修建蓄水池等方法解决。

4. 光照

咖啡是半荫蔽作物，光照过强，光合效率会降低，植株矮化、早产，经济寿命缩短；光照不足，植株过于郁蔽，枝条徒长、花果稀少，产量降低。小粒种咖啡较中粒种咖啡耐光。但无论哪个种，在苗期阶段均不耐光，因此育苗阶段需要配置荫蔽设施（杨杏村，1987）。

5. 风

咖啡喜静风环境，大风及干风对植株生长都不利。大风吹落叶片、果实，吹断枝干。干风影响咖啡开花，降低稔实率（云南农村干部学院，2012）。

6. 土壤

在疏松肥沃、土层深厚且排水良好的壤土，pH 值为 6.0～6.5 时最适于生长发育（《农区生物多样性编目》编委会，2008）。

二、生长发育习性

1. 主干生长习性

咖啡主干的生长有明显的顶端优势现象，靠近主干顶部的枝条生长特别旺盛，但这种优势会随主干的增高而减弱（图 1-26）。主干的

图 1-26　咖啡树植株（娄予强　摄）

生长量随品种及自然气候特点而异。若任其自然生长，小粒种咖啡主干可达 4 米以上。主干的生长具有季节性变化规律：旱季和冬季生长量较小，节间短；高温多雨季节生长量大，节间较长。

2. 枝条生长习性

咖啡的枝条围绕主干四周分布。主干叶腋上有上芽和下芽，下芽抽出垂直向上长的枝条，上芽发育成水平横向的分枝，称为一分枝；从一分枝上继续抽生出与一分枝呈 45°～60° 枝条为二分枝；二分枝上继续抽生出的枝条为三分枝。以此类推，分枝级数越大，枝条越细弱。

在一、二分枝上不规则地向树冠内部或向上下抽生的枝条称为次生分枝。次生分枝影响树冠结构，消耗树体养分且对后期采果造成困难，因此是咖啡树整形修剪时重点剪除的部分。

从主干叶腋下芽抽生出的枝条主要有两方面的用途，一是在主干顶芽受伤或生长受到抑制的情况下抽生形成新的主干；二是直生枝可以当作"接穗"，用于不同品种间咖啡树的嫁接，而其他从非直立枝条上采集的"接穗"不能满足正常的嫁接需求。

3. 开花结果习性

（1）花芽发育特性

咖啡具有多次开花（图1-27）以及花期集中的特性。咖啡的花芽为复芽，每个叶腋有花芽2～6个。因同一叶腋（或不同植株花芽）的发育不一致，有先有后，形成多次开花现象。咖啡的花期因品种及环境条件不同而异。在云南，花期为2—6月，盛花期为3—5月。咖啡的开花受到气候，特别是雨量和气温的影响较大。当气温低于10℃，花蕾不开放，气温升至13℃以上才有利于开花。咖啡花寿命短，只有2～3天的时间（龙乙明等，2009）。

图 1-27 咖啡多次成花现象（娄予强 摄）

（2）果实发育特性

咖啡果实（图 1-28）发育时间较长。小粒种咖啡果实在花后 2～3 个月体积增长最快，4 个月后，体积基本稳定，干物质积累逐渐增加。花后 5～6 个月为干物质增长最快时期。小粒种咖啡果实自开花至成熟所需的时间为 8～10 个月（华南热带作物科学研究院等，1980）。

图 1-28 咖啡成熟果实（娄予强 摄）

参考文献

澳大利亚 Lonely Planet 公司，2014．老挝 [M]．王薇，等，译．北京：中国地图出版社．

鲍晓华，成文章，蒋智林，等，2019．咖啡品鉴 [M]．昆明：云南大学出版社．

陈德新，2017．中国咖啡史 [M]．北京：科学出版社．

陈光新，1999．中国餐饮服务大典 [M]．青岛：青岛出版社．

陈伟球，1999．中国植物志 [M]．北京：科学出版社．

方佳，杨连珍，2007．世界主要热带作物发展概况 [M]．北京：中国农业出版社．

富田佐奈荣，2011．咖啡百事通 [M]．李迎春，译．长春：吉林科学技术出版社．

古晋，2003．巴西的咖啡产业 [J]．世界热带农业信息（5）：14-15．

韩怀宗，2018．精品咖啡学（上）[M]．北京：中国戏剧出版社．

郝铭鉴，孙欢，2014．中华探名典 [M]．上海：上海锦绣文章出版社．

华南热带作物科学研究院，华南热带作物学院，1980．热带作物栽培学 热带作物专业用 [M]．北京：农业出版社．

黄浩辉，2015．享受咖啡 [M]．北京：中国轻工业出版社．

黄家雄，程金焕，吕玉兰，2020．埃塞俄比亚咖啡发展形势分析 [J]．中国热带农业，94（3）：36-40．

黄家雄，李贵平，杨世贵，2009．咖啡种类及优良品种简介 [J]．农村实用技术（1）：42-43．

杰柯·R·格奇诺（Cenk R. Girginol），2019．图说咖啡 [M]．刘玲，译．北京：中国轻工业出版社．

崛口俊英，2014．咖啡完全掌握手册 [M]．王慧，译．福州：福建科学技术出版社．

柯明川，2010．精选咖啡　成为咖啡专家的第一本书 [M]．北京：旅游教育出版社．

柯明川，2012．精选咖啡 [M]．北京：旅游教育出版社．

来君，2014．怎样品鉴咖啡 [M]．长沙：湖南美术出版社．

李贵平，胡发广，黄家雄，2020．小粒种咖啡生产新技术 [M]．昆明：云南科技出版社．

李巧长，2014．咖啡赏鉴 [M]．北京：北京工业大学出版社．

李学俊，2014．小粒种咖啡栽培与初加工 [M]．昆明：云南大学出版社．

龙乙明，王剑文，1997．云南小粒种咖啡 [M]．昆明：云南科技出版社．

龙乙明，王剑文，2009．云南小粒种咖啡栽培技术 [M]．昆明：云南科技出版社．

马骥，唐旭东，2018．岭南药用植物图志（下）[M]．广州：广东科技出版社．

《农区生物多样性编目》编委会，2008．农区生物多样性编目（下）[M]．北京：中国环境科学出版社．

《亲历者》编辑部，2014．逛泰国超简单　不懂泰语也能游遍泰国 [M]．北京：中国铁道出版社．

孙玥，2018．咖啡·茶 [M]．哈尔滨：哈尔滨出版社．

藤田政雄，2012．闲品咖啡 [M]．牛艳玲，译．沈阳：辽宁科学技术出版社．

田口护，2017．咖啡事典 [M]．陈宗楠，译．北京：中国民族摄影艺术出版社．

汪建敏，1986．世界咖啡地理 [J]．热带地理（3）：273-284．

王森，2017．亚洲咖啡西点　大食物·小人物 [M]．青岛：青岛出版社．

徐晔春，2015．观叶植物 1000 种经典图鉴　终极版 [M]．长春：吉林科学技术出版社．

许宝霖，2017．寻豆师　国际评审的中南美洲精品咖啡庄园报告书 [M]．南京：江苏科学技术出版社．

杨杏村，1987．咖啡栽培技术 [M]．广州：科学普及出版社广州分社．

伊记，2014．咖啡鉴赏 [M]．北京：新世界出版社．

云南农村干部学院，2012．云南农村干部学院系列培训教材 作物营养与合理施肥 [M]．昆明：云南人民出版社．

恽奉世，1985．热带作物栽培 [M]．北京：农业出版社．

张箭，2006．咖啡的起源、发展、传播及饮料文化初探 [J]．中国农史（2）：22-29．

作山若子，2015．茶饮笔记 [M]．高君，译．北京：北京美术摄影出版社．

PRIOR M R, BATT P, 2007. Emerging possibilities and constraints to Papua New Guinean smallholder coffee producers entering the speciality coffee market[C]// Proceedings of the International Symposium on Fresh Produce Supply Chain Management. FAO-UN, 373-388.

第二章

咖啡品种与栽培

第一节　咖啡品种

　　目前，世界上主要用于商业化栽培的咖啡种类有小粒种咖啡（*Coffea arabica* L.）、中粒种咖啡（*Coffea canephora* Pierre ex A.Froehner）和大粒种咖啡（*Coffea liberica* Bull ex Hiern），我国生产上栽培的种类主要为小粒种咖啡和中粒种咖啡，小粒种咖啡主要在云南和四川等省种植，中粒种咖啡主要在海南省种植（李贵平等，2020）。

　　目前，国内种植或保存的咖啡品种有：铁皮卡（Typica）、波旁（Bourbon）、卡杜拉（Caturra）、卡蒂姆（Catimor）、卡杜艾（Catuai）、维拉萨奇（Villa Sarchi）、S288、黄波旁、瑰夏（Geisha）、云咖1号、云咖2号、蒙多诺沃（Mundo Novo）、马拉戈吉佩（Maragopie）、帕卡马拉（Pacamara）、巴提安（Batian）、SL28等。部分品种见图2-1至图2-12，部分品种详细信息见表2-1。

图2-1　铁皮卡（吕玉兰　供图）

图2-2　波旁（李贵平　供图）

图 2-3　卡杜拉（李贵平　供图）

图 2-4　卡蒂姆 7963
（云南省德宏热带农业科学研究所　供图）

图 2-5　卡杜艾 44 咖啡
（李贵平　供图）

图2-6　维拉萨奇（李贵平　供图）

图2-7　S288（李贵平　供图）

图2-8　卡杜艾（李贵平　供图）

图2-9　黄波旁（李贵平　供图）

图 2-10　瑰夏（李贵平　供图）

图 2-11　云咖 1 号（李贵平　供图）

图 2-12　云咖 2 号（李贵平　供图）

表2-1　咖啡品种信息表

品种名	来源/原产地	最适宜海拔	植株高度	叶尖颜色	咖啡豆体大小	高海拔种植的杯品质量
铁皮卡（Typica）	原产于埃塞俄比亚及苏丹的东南部	1 000 米以上	高	铜红色或褐色	 （咖啡豆图示）	★★★☆
波旁（Bourbon）	英国南大西洋的圣海伦娜岛（王华等，2014）	1 000 米以上	高	绿色	 （咖啡豆图示）	★★★☆
卡杜拉（Caturra）	1937 年在巴西发现，波旁的突变种（周华等，2018）	1 000 米以上（李贵平等，2020）	矮	绿色	 （咖啡豆图示）	★★★☆
卡蒂姆（Catimor）	葡萄牙抗锈病研究中心	500～1 400 米（李贵平等，2020）	矮	绿色	 （咖啡豆图示）	★★★☆
卡杜艾（Catuai）	卡杜拉（Caturra）和 Mondu Novo 人工杂交选育的咖啡优良品种	1 000 米以上	矮	绿色	 （咖啡豆图示）	★★★☆
维拉萨奇（Villa Sarchi）	波旁的一个自然突变种，最初在哥斯达黎加培育（周华等，2018）	500～1 200 米（李贵平等，2020）	矮	绿色	 （咖啡豆图示）	★★★☆
瑰夏（Geisha）	埃塞俄比亚铁皮卡的一个变种	1 000 米以上	高	绿色或褐色	 （咖啡豆图示）	★★★★

续表

品种名	来源/原产地	最适宜海拔	植株高度	叶尖颜色	咖啡豆体大小	高海拔种植的杯品质量
云咖1号	云南省农业科学院热带亚热带经济作物研究所2022年选育	1 000～1 600米	高	铜红色		★★★☆
云咖2号	云南省农业科学院热带亚热带经济作物研究所2022年选育	1 000～1 600米	高	绿色		★★★☆
蒙多诺沃（Mundo Novo）	铁皮卡和红波旁之间的自然杂交种 巴西	1 050～1 670米（周华等，2018）	高	绿色或褐色		★★★☆☆
马拉戈吉佩（Maragopie）	巴西	1 000米以上	高	褐色		★★★☆☆
帕卡马拉（Pacamara）	萨尔瓦多咖啡研究所人工培育的杂交品种	1 000米以上	矮	绿色或褐色		★★★★☆
巴提安（Batian）	肯尼亚	400米以上	高	绿色或褐色		★★★☆
SL28	肯尼亚	700米以上	高	绿色		★★★★

主要数据来源：世界咖啡研究所官网 https://varieties.worldcoffeeresearch.org/varieties。
备注：国外的海拔数据仅作参考，具体应用还需结合经纬度综合考量。

第二节　咖啡栽培

一、咖啡栽培

1. 新建咖啡园选地原则

选择冬季无霜、土壤疏松肥沃、排水良好、无污染、静风环境、靠近水源、交通便利、坡度以 25° 以下为宜。

2. 种植密度

无荫蔽栽培模式下，平地（坡度≤5°），株行距 1.0 米 ×2.0 米，种植密度 333 株 / 亩；缓坡地（坡度≤5°～15°），株行距 1.0 米 ×2.5 米，种植密度 266 株 / 亩；陡坡地（坡度≤15°～25°），株行距 1.0 米 ×3.0 米，种植密度 222 株 / 亩。荫蔽栽培或复合栽培模式下，种植模式适当缩减。

3. 定植沟

为了有效截留雨水，坡地咖啡园通常按等高线进行规划和开垦，两条定植沟的沟心与沟心水平距离 2.0 米，台面宽 1.8～2.0 米，向内倾斜 5°～6°，沟宽 60 厘米，深 50 厘米，挖出来的表土和心土，分别堆放在定植沟的两边 [雀巢（中国）有限公司，2011]。定植沟最好在定植前 2～3 个月完成开沟，使土壤和定植沟充分曝晒，在实现土壤消毒灭菌的同时加速土壤熟化。定植前 20～30 天，将甘蔗叶、玉米秸秆和杂草等填入定植沟，然后回填底土，填至半沟左右，回填一部分表土，施入腐熟有机肥和磷肥，使肥料与表土充分混匀，再继续回填表土至沟面高出台面 10 厘米左右。有机肥施用量 15.0～22.5 吨 / 公顷，过磷酸钙或钙镁磷肥施用量 750～1 125 千克 / 公顷。

4. 定植

　　沿定植沟按 1.0 米的株距挖定植穴，穴宽和深为 30 厘米左右。有灌溉条件的新植地，3—5 月可抗旱定植，无灌溉条件的新植地等透雨后定植。选用提前培育好的优质咖啡苗，要求生长健壮、株高 20～30 厘米、真叶 5 对以上，定植时脱除营养袋，剪除伸出营养土的主根，挑出弯根苗不用。定植后及时浇足定根水。咖啡从定植至投产需要 3 年左右的时间，这个时期田间管理工作主要是定期进行中耕除草、水肥管理、病虫害防治和整形修剪等工作。幼龄咖啡园行间空地多，5—10 月，雨热同期，杂草生长迅速，除草成本占田间管理成本的一半以上，可通过间作玉米、黄豆、花生、饭豆等短期经济作物，也可间作崖州硬皮豆、田菁等豆科绿肥，达到以草控草、以草肥田、以短养长的目的。

5. 种植荫蔽树

　　小粒种咖啡喜温凉、湿润的生态环境。咖啡园适度荫蔽可以延缓咖啡果实生长，有利于营养物质积累，可有效提高咖啡豆品质（李锦红等，2011）。根据咖啡园地环境，可以选择橡胶、澳洲坚果、杧果、余甘子（滇橄榄）等经济林或果树作为咖啡园长期荫蔽树。香蕉植株生长迅速，树冠遮阳性好，与咖啡共生性强，可作为咖啡园理想的长期或短期荫蔽树种，修剪下的香蕉叶作为咖啡园覆盖材料，对保持土壤水分非常有效（张洪波等，2002；Auralidhara et al.，2004）。种植荫蔽树，须考虑荫蔽树种的荫蔽度，荫蔽度需控制在 30%～50%。一般随着海拔升高，荫蔽度可适当降低。荫蔽度过小，达不到遮阳效果，荫蔽度过大，咖啡植株只长枝叶，开花结实受到抑制，产量降低（张洪波等，2010）。荫蔽度可以通过株行距来调控。橡胶株行距 3.5 米 ×（16～18）米，香蕉株行距（4～6）米 ×（6～8）米，坚果、杧果、余甘子等果树的株行距以（6～8）米 ×（10～12）米为宜。海拔 1 400 米以上咖啡园不推荐种植荫蔽树。咖啡园生态复合种植模式，能有效解决产业发展中的争地问题，增加经济收益，提高抵御市场风险能力。咖啡苗、咖啡园、咖啡模式和咖啡基地相关图片见图 2-13 至图 2-20。

图2-13　优质咖啡苗（娄予强　摄）

图2-14　缓坡地咖啡园（黄家雄　供图）

图 2-15　"咖啡＋橡胶"生态复合种植模式（黄家雄　供图）

图 2-16　"咖啡＋澳洲坚果"生态复合种植模式（吕玉兰　供图）

图 2-17 "咖啡＋杜果"生态复合种植模式（吕玉兰 供图）

图 2-18 "咖啡＋香蕉"生态复合种植模式（娄予强 摄）

图 2-19 保山潞山云数公司咖啡套种香蕉示范基地（娄予强 摄）

图 2-20 "咖啡＋沉香"生态复合种植模式（娄予强 摄）

二、咖啡施肥

土壤养分是土壤肥力最重要的基础，肥料是土壤养分的主要来源，在提高单产方面，肥料对增产的贡献率为40%～60%（沈其荣等，2001）。

咖啡植株生长发育、产量形成需要消耗大量的矿质养分，通过施肥保持咖啡园土壤达到最佳养分数量和比例，不会因营养过度消耗而出现养分耗竭，转变成不再适宜栽培咖啡或其他作物的贫瘠土地。一方面，土地需要涵养；另一方面，咖啡消费者对咖啡豆品质的要求越来越高，咖啡园的施肥管理水平直接影响咖啡豆的产量和品质。这对施肥管理提出了更高的要求，即精准施肥。咖啡园施肥需根据土壤和叶片营养诊断制定适宜各个咖啡产区的施肥配方。咖啡园土壤管理总体原则是有机肥和化学肥料相结合，大量元素和微量元素相结合，种地和养地相结合。

1. 施肥量

根据预期目标产量确定施肥量。咖啡豆矿质养分检测结果表明，每生产1.0吨咖啡鲜果，果实带走的养分量约为氮（N）7.22千克、磷（P_2O_5）1.15千克、钾（K_2O）7.96千克、钙（CaO）2.36千克、镁（MgO）0.25千克。咖啡植株对肥料的消耗量约为果实带走养分的4倍，即每生产1.0吨咖啡鲜果，需要施入的肥料约为氮（N）28.88千克、磷（P_2O_5）4.60千克、钾（K_2O）31.84千克、钙（CaO）9.44千克、镁（MgO）1.00千克（吕玉兰等，2012）。实际应用中，可根据所选用的肥料种类的养分含量进行施用量换算。

2. 施肥时期

（1）幼龄树施肥

幼龄咖啡施肥以氮、磷肥为主，每年施肥3～4次，以少量多次为宜。施肥时间一般在3月、5月、7月、9月。施肥部位是在树冠滴水线外围距主干20厘米左右的位置开浅沟施，施后盖一层薄土。种植第一年每株每次施复合肥 20～30 克，第二年每株每次施复合肥 50～100 克，第三年每株每次施复合肥 100～150 克。

（2）成龄树施肥

投产咖啡施肥以氮、钾为主，补充少量磷肥，每年施肥 2～3 次。一般 3 月施春肥即采后肥，及时施肥有利于咖啡植株恢复树势、减少大小年、促进花芽分化和开花。9—10 月施秋肥即养果肥，可提高咖啡果实饱满度，增加籽粒重，提高咖啡豆品质，同时增强植株抗性，有利于安全越冬。7—8 月根据咖啡植株结果情况，适时补充壮果肥。云南咖啡产区，多数年份出现春旱并持续到 5—6 月，无灌溉条件的咖啡园第一次施肥也会延迟。每次施肥复合肥的施用量为 75～100 千克 / 亩。

海拔 1 400 米以上或者处于背阴坡的咖啡园，咖啡鲜果成熟晚，采收迟，施肥时间也相应延后。

3. 施肥方法

（1）土壤施肥

透雨或灌溉后，待土壤水分适宜机械操作时，采用小型开沟机沿着咖啡行，在树冠滴水线外围开沟，沟深 20～30 厘米，施肥沟开好后，先把腐熟有机肥施入沟底，再施入复合肥，混匀后覆土。小型开沟机无法使用的陡坡地，采用人工开沟施肥，每次施肥的位置进行轮换，以保证咖啡植株不同部位的根系都能吸收到肥料养分。

（2）根外追肥（叶面施肥）

植株通过叶片吸收养分比从土壤吸收养分快得多，养分利用率高。当咖啡植株结果量过大而导致土壤养分供应不足，或植株处于关键性生长阶段遭遇短期干旱，或由于营养元素缺乏而表现缺素症状时，叶面施肥是及时补充营养、保证产量、减轻和消除营养缺乏症状的唯一的补救措施。叶面施肥只是土壤施肥的补充，不能完全替代土壤施肥。叶面喷施常用的大量元素肥料有尿素 $[CO(NH_2)_2]$、磷酸二氢钾（KH_2PO_4）、磷酸铵 $[(NH_4)_3 PO_4]$、硝酸钾（KNO_3）等，常用的微量元素肥有硫酸亚铁（$FeSO_4$）、硫酸锌

（ZnSO$_4$）、硫酸铜（CuSO$_4$）、硫酸锰（MnSO$_4$）以及硼酸（H$_3$BO$_3$）或硼砂（Na$_2$B$_4$O$_7$·10H$_2$O）等。尿素、磷酸铵喷施浓度 0.5%～1.0%，磷酸二氢钾和微量元素喷施浓度 0.1%～0.5%。最佳喷施部位，一般侧重喷施叶背面，因叶背面角质少、气孔多，养分易于吸收（李燕婷等，2009）。叶面施肥时可掺入杀菌剂、杀虫剂等溶液混合喷施，以节省劳力、降低成本。

（3）滴灌施肥

滴灌施肥即水肥一体化，是利用微灌系统，根据作物的需水、需肥规律和土壤水分、养分状况，将肥料和灌溉水一起适时、适量、准确地输送到作物根部土壤，供作物吸收（高祥照，2013）。由于肥料能准确、均匀地施在根系周围并按作物需肥特点供应，因此肥料利用率高。而且滴灌施肥可调节水的入渗速率，灌水均匀，不产生地面径流，减轻土壤板结，减少土表蒸发和渗漏损失，使灌溉水利用率可达 90% 以上（李伏生等，2000）。滴灌施肥技术因其在节水、节肥、降低劳动力成本方面的优势，目前在新建咖啡园尤其是干旱缺水的雨养型咖啡园已得到广泛的推广应用。滴灌施肥只适合用液体肥料和水溶性肥，以防堵塞滴头。肥料注入频率，根据咖啡植株营养和土壤水分状况，每隔 10～15 天滴灌施肥 1 次。施肥相关场景见图 2-21 至图 2-26。

图 2-21　土壤施肥（吕玉兰　供图）

图 2-22　有机无机配合施肥（吕玉兰　供图）

图 2-23　滴灌施肥（黄家雄　供图）

图 2-24　粒述公司滴灌施肥基地（张怀义　供图）

图 2-25　粒述公司水肥一体化系统（张怀义　供图）

图 2-26 滴灌施肥的咖啡园（吕玉兰 供图）

第三节 病虫防治

病虫防治是咖啡栽培管理的重要环节，咖啡病虫害既影响咖啡的产量又影响咖啡的品质，长期以来一直困扰着世界咖啡产业的健康发展（Avelino et al.，2011；Allinne et al.，2016）。据统计，全世界高达 30% 的作物产量损失与病虫害相关联，发展中国家尤为突出。全世界已知咖啡病害有 50 余种，虫害有 900 余种（李荣福等，2015）。为害较为严重的病害有咖啡叶锈病（Zewdie et al.，2021）、咖啡炭疽病（Freitas et al.，2013）、咖啡褐斑病及咖啡立枯病（李荣福等，2015），较为严重的虫害有灭字脊虎天牛（付兴飞等，2020）、咖

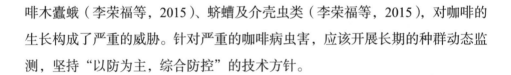

啡木蠹蛾（李荣福等，2015）、蚧蟥及介壳虫类（李荣福等，2015），对咖啡的生长构成了严重的威胁。针对严重的咖啡病虫害，应该开展长期的种群动态监测，坚持"以防为主，综合防控"的技术方针。

一、主要病害

（一）咖啡叶锈病

1. 病原

咖啡叶锈病由咖啡驼孢锈菌 *Hemileia vastatrix* Berkeley & Broome 引起。

2. 分布及为害

咖啡叶锈病于 1861 年在非洲维多利亚湖畔首次发现，1868 年在锡兰（现斯里兰卡）开始大流行，1966 年在亚洲、非洲咖啡产区普遍发生，1970 年在美洲的巴西首次发现。该病主要为害咖啡叶片，造成叶片黄化凋落，严重影响第二年的咖啡产量。据统计，每年小粒种咖啡 30%～50% 的产量损失与咖啡叶锈病相关，给咖啡种植者造成了极大的经济损失（Mccook et al.，2015）。

3. 症状

咖啡叶锈病主要发生在叶片上，果实及枝条很少感病，但在大流行期间偶然可见到幼果和嫩梢感病。叶片被病原菌侵染后，最初出现浅黄色水渍状小病斑，病斑周围有浅绿色晕圈。小病斑扩大到 5～8 毫米时，叶背面的病斑长出橙黄色粉状孢子堆。随后病斑逐渐扩大连在一起，形成不规则形状的大病斑，后期病斑中央干枯呈褐色，褐色病斑在叶片正反两面均可见（图 2-27）。但橙黄色孢子堆则产生于叶背面的病斑上，病害严重时，叶片大量脱落，植株生势衰弱，产量下降，严重阻碍了咖啡生产的发展（华南热带作物学院，1991）。

图 2-27 咖啡叶锈病叶背面为害症状（姜予强 供图）

4. 生物学特性

咖啡叶锈病的发生与扩散主要靠气流和雨水传播，锈菌孢子遇到轻微的气流即可从夏孢子堆中飞散出来。咖啡锈菌夏孢子萌发的温度为 15～28℃，最适温度为 21～25℃，当咖啡锈菌夏孢子落到感病的咖啡叶片背面上，遇合适的温度和湿度条件，在 2～4 小时即可萌发，长出芽管，随后形成附着器，长出囊泡，由此侵入叶片背面的气孔空腔中。咖啡锈菌夏孢子的萌发和侵入需要与叶片上的水滴（水膜）保持接触，如无足够的水分条件，即使空气温湿度达到理想条件也难以使锈菌孢子萌发和侵染咖啡叶片（Koutouleas et al., 2019）。

5. 发生规律

在病害流行季节，枝繁叶茂的树更易感病。荫蔽条件下，锈病发生程度偏低。产量水平与发病严重程度之间的互作存在季节循环，高产则锈病发生较重，导致大量落叶，到下季则产量低，发病率低，植株恢复营养生长（Waller et al., 2016）。

6. 防治方法

以预防为主，综合防控。常用的防控方法如下。①引入的咖啡良种，应先隔离栽植观察，严格做好检疫工作，防止病菌扩散蔓延。②适当降低咖啡园荫蔽度，及时修剪，增加园间通风透光条件，科学灌溉施肥，提高咖啡植株的抗病能力。采摘完成后，清除咖啡园内落叶，减少侵染源。③化学防治：在发病前期或初期采用铜制剂预防效果较好，还能促进咖啡植株生长和提高产量。对于发病较为严重的咖啡园，采用波尔多液、环唑醇、吡唑菌素、三唑醇、氢氧化铜、亚磷酸铜等杀菌剂交替使用2～3次即可（Lopes et al.，2014; Costa et al.，2019; Júnior et al.，2021）。④选用抗锈品种：选择栽培卡蒂姆、萨奇莫及S288等抗锈品种，可预防咖啡叶锈病。⑤生物防控：利用本地天敌及其重寄生真菌，如：蜡蚧轮枝菌 *Lecanicillium lecanii*、中国丽壳菌 *Calonectria hemileiae*、锈寄生孢 *Darluca filum*（Biv.）Castagne（Waller et al.，2016）、*Clasdosporium Hemileiae* Steyeart（Waller et al.，2016）和 *Paranectria Hemileiae* Hansf 等（Waller et al.，2016）。

（二）咖啡炭疽病

1. 病原

据国外报道，咖啡炭疽病的病原菌有 3 种：盘长孢状刺盘孢 *Colletotrichum gloeospoioides* Penz.、咖啡刺盘孢菌 *Colletotrichum coffeanum* Noack 和 *Colletotrichum Kahwae* Waller & Bridge（黄朝豪，1997）。

2. 分布及为害

咖啡炭疽病的发生与分布比较广泛，几乎所有栽培咖啡的地区都有此病发生，是咖啡的重要病害之一。本病为害咖啡叶片、枝条、绿色浆果和成熟浆果，引起落叶、枝枯和浆果腐烂。其中以为害绿色浆果的炭疽病造成的损失最大，严重时损失高达 80%（郑勇等，2018）。

3. 症状

叶片感病后，上下表面均有淡褐色到黑褐色病斑，病斑受叶脉限制，直径3 毫米左右。以后数个病斑汇集成大病斑，中心呈灰白色，边缘黄色，后期完全变成灰色，有许多同心轮纹排列的黑色小点（病菌的分生孢子盘），大病斑多在叶缘。枝条感病后，产生褐色病斑，中间凹陷，最后引起枝条回枯，其上长出黑色小点（图2-28）。浆果感病后，初期浆果表面出现近圆形的水渍状小斑点，随后病斑变成凹陷、暗褐色至灰褐色大斑，其上长出粉红色黏液状物，病果果肉变硬，紧贴于种豆上，形成僵果，严重时落果（郑勇等，2018）。

图2-28 咖啡炭疽病为害症状（段春芳 供图）

4. 生物学特性

咖啡炭疽菌分生孢子在20℃、饱和的相对湿度或有水膜的情况下，持续7小时才能萌发。萌发后的芽管直接由叶、果、枝的表皮伤口侵入。侵染最适宜条件是相对湿度90%以上，温度18℃左右（郑勇等，2018）。

5. 发生规律

降雨，特别是持续的阴雨天气，是病害发生的主要条件。病害在冷凉或高湿季节均能发生，但是在长期干旱后连续降雨季节发生较严重。咖啡过度密植、郁蔽度大，有利于病菌的传播。咖啡园栽培管理差，肥力不足，挂果过多的情况下，炭疽病发生严重（郑勇等，2018）。

6. 防治方法

咖啡炭疽病以综合防治为主。①新植咖啡园选择无病健壮苗木。②加强水肥管理，适度遮阳，提高植物抗病力。③加强整形修剪，清除病残体，减少侵染源。④在雨季开始前和结束后各喷施 1% 石灰半量式波尔多液 100 倍液或 40% 氧化亚铜可湿性粉剂 100 倍液或 50% 氧氯化铜悬浮剂 100 倍液 1 次进行预防；发病后选用 25% 戊唑醇乳油 1 000～1 200 倍液或 25% 咪鲜胺乳油 800～1 000 倍液或 25% 嘧菌酯悬浮剂 1 500～2 000 倍液喷施叶片。

（三）咖啡褐斑病

1. 病原

咖啡褐斑病的病原菌是咖啡生尾孢 *Cercospora coffeicola* Berkeley & Cooke。

2. 分布及为害

咖啡褐斑病（图 2-29）是一种世界性的病害，在咖啡上极为常见（Waller et al., 2016）。该病可为害咖啡植株叶片、果实，偶尔为害茎秆，严重时导致落叶，在病害严重流行季节，可以导致产量减少 15%～30%，影响咖啡的产品质量（吴伟怀等，2020）。

3. 症状

咖啡幼苗和成株均受侵

图 2-29　咖啡褐斑病为害症状（段春芳　供图）

害。在叶上产生近圆形的褐色病斑，边缘褐色，中央灰白色，但在苗期则为红褐色，病斑有黄色晕圈。病斑扩大，形成同心轮纹，边缘更为明显。在病斑背面产生黑色霉状物为病菌的分生孢子梗和分生孢子。有时几个病斑汇集在一起，但仍可看到有几个白色的中心点。浆果染病形成圆形、褐色病斑，病斑扩展形成不规则形斑块，有时整个果面为斑块覆盖（中国农业科学院植物保护研究所，1979）。

4. 生物学特性

病原菌以菌丝潜伏在病变组织内越冬，或在病变组织上以分生孢子越冬。分生孢子借风雨传播。分生孢子在15～30℃萌发，最适萌发温度25℃，经过气孔或伤口侵入寄主组织。在叶片病斑上全年都可以产孢，重复侵染，形成多次侵染循环（中国农业科学院植物保护研究所，1979）。

5. 发生规律

病原菌是一种弱寄生菌，在寄主受到不良环境影响时，削弱了植株抗病力的情况下发病严重。通常在土壤瘦瘠或缺乏荫蔽的苗圃幼苗上发病严重。常在潮湿天气，相对湿度在95%以上，叶、果表面长时间保持潮湿时流行（中国农业科学院植物保护研究所，1979）。

6. 防治方法

咖啡褐斑病以综合防治为主。①加强栽培管理，合理施肥，适度遮阳，提高植物抗病力。②修剪过度荫蔽枝叶，增强通风透光，除去杂草，降低土壤湿度可显著减轻病情。③发病初期，清除病叶，采果后清除枯枝落叶等病残体，减少侵染源。④发病前用1%石灰半量式波尔多液100倍液或50%氧氯化铜悬浮剂100倍液等铜制剂进行预防，病害流行初期喷施50%多菌灵可湿性粉剂600～800倍液或50%苯菌灵可湿性粉剂800倍液等杀菌剂进行防治，每隔10～15天喷施1次，连续喷施2～3次。

二、主要虫害

（一）灭字脊虎天牛

灭字脊虎天牛 *Xylotrechus quadripes* Chevrolat，别名咖啡灭字虎天牛、钻心虫、咖啡虎天牛、咖啡柴虫等，是鞘翅目（Coleoptera）天牛科（Cerambycidae）脊虎天牛属（*Xylotrechus*）昆虫。灭字脊虎天牛幼虫和蛹见图 2-30，成虫见图 2-31。

图 2-30　灭字脊虎天牛幼虫（左）和蛹（右）
（熊智成　供图）

图 2-31　灭字脊虎天牛成虫
（段春芳　摄）

1. 寄主

寄主植物有 8 科 22 种，其中，以茜草科植物的种类最多，有 10 种，其中又以咖啡作物的受害最为突出（付兴飞等，2020）。

2. 为害特点

幼虫为害枝干，将木质部蛀成曲折、纵横交错的蛀道，并向茎干中央钻蛀为害髓部，向下钻蛀为害根部，严重影响水分的输送，致使树势日渐衰弱，外表呈现花不稔实，枝叶枯黄，似缺水缺肥状态。当咖啡进入盛产期被害时，致果实无法长大，最后枯萎，颗粒无收。被害植株易被风吹折断，植株被害后期，被蛀害处的组织因受刺激而形成环状肿块，表皮木栓层断裂，水分无法往上部输送，上部枝叶因而黄萎，茎干基部萌发成丛的侧芽。当幼虫钻蛀至根部时，植株无法更新，最终死亡。过去国外许多种植小粒种的咖啡园，因受咖啡灭字脊虎天牛为害而被迫改种其他品种。干热河谷低海拔地区发生严重，栽培管理好的咖啡园生长繁茂，有荫蔽条件的咖啡园发生较轻。树龄越老，发生越严重（华南热带作物学院热带植物保护系等，1980）。

3. 生物学特性

在云南，灭字脊虎天牛1年发生2代，以幼虫、成虫或蛹在虫孔道内越冬，世代重叠现象明显。

成虫出孔后只舔食水滴，不为害植物，出孔后随即寻找配偶进行交尾。成虫对阳光和高温具有正趋性。气温高于25℃以上，成虫活动频繁；早晨、傍晚或阴雨天气，温度低于25℃时，则静伏不动。9时至12时和15时至17时为交配高峰期。交配完成后，1天内或1天后该虫开始在树干基部或较粗壮表皮粗糙的树皮裂缝内产卵，产卵后3～15天开始孵化（付兴飞等，2020）。

4. 防治方法

（1）人工防治

定期巡视咖啡园，及时清除受害植株，进行集中焚烧或粉碎。成虫羽化高峰期（5—7月和9—10月）动员人工捕捉成虫，减少次年初侵染虫源虫口数。

（2）化学防治

在成虫羽化高峰期（5—7月和9—10月），使用40%噻唑啉微囊悬浮剂3 000～4 000倍液、2%噻虫啉微囊悬浮剂1 000～2 000倍液林间喷雾；幼虫期使用棉球蘸40%毒死蜱乳油5倍液、2%噻虫啉微囊悬浮剂5倍液使用镊子塞入虫孔；1龄幼虫期使用2.5%高效氯氟氰菊酯乳油1 000倍液进行树干喷雾均能有一定的防治效果。

（3）物理防治

针对咖啡灭字脊虎天牛的产卵机制，在产卵前后期通过涂干或刮皮破坏产卵场所或卵粒均可一定程度地降低为害。搭建防虫网、阻断灭字脊虎天牛的传播途径。

（4）农业防治

加强咖啡园管理，定期进行施肥、灌水，增强小粒咖啡树势、增强抗虫能力，及时修剪，改善咖啡园通风透光条件，增强树势，便于及时发现灭字脊虎天牛。

（5）生态防治

咖啡园选址在无灭字脊虎天牛或不适宜灭字脊虎天牛生存的区域；咖啡园营建过程中通过杧果、澳洲坚果、香蕉等经济作物与小粒咖啡构建混农林系统，可以降低灭字脊虎天牛为害。

（6）生物防控

利用鸟类、捕食性昆虫、寄生性昆虫、寄生菌等进行生物防控。寄生性天敌昆虫管氏肿腿蜂（*Scleroderma guani* Xiao et Wu）已在实践生产中应用推广。

（二）咖啡木蠹蛾

咖啡木蠹蛾（*Zeuzera coffeae* Niether），又名咖啡豹蠹蛾，属鳞翅目（Lepidoptera）木蠹蛾科（Cossidae）豹蠹蛾属（*Zeuzera*）昆虫，在我国华南、西南、华东、华中、台湾等地区均有分布。咖啡木蠹蛾幼虫见图 2-32。

图 2-32　咖啡木蠹蛾幼虫（段春芳　摄）

1. 寄主

咖啡木蠹蛾的寄主植物非常广泛，经统计，寄主包括粮食作物、蔬菜、花卉、经济林木等，一共涉及 47 个科 71 个属 120 种以上的植物（娄予强等，2022）。

2. 为害特点

幼虫蛀入枝条，在皮层与木质部间先咬一蛀环，后深入木质部，沿髓部向上取食，隔一段距离向外咬一蛀入孔。蛀入孔圆形，常有咖啡木蠹蛾幼虫钻蛀咖啡茎内取食，幼虫为害树干和枝条，造成植株被害处以上部位黄化枯死，或易受大风折断，严重影响植株生长及产量（李南林等，2019）。

3. 生物学特性

该虫 1 年发生 1～2 代（娄予强等，2022），幼虫在被害枝干内越冬。卵产于小枝嫩梢顶端或腋芽处，单粒散产。初孵幼虫先从枝条顶端的叶腋处蛀入，然后向上部蛀食，3～5 天被害处以上的部位枯萎，这时幼虫钻出枝条外，向下转移多次为害。幼虫长大后向下枝条继续为害，一般侵入离地面约 20 厘米的主干部。老熟幼虫在隧道内吐丝结缀，以木屑堵塞两端做蛹室，在蛹室上方数厘米处咬一圆形羽化孔，羽化前蛹移动至孔口，大半露出孔外，羽化后蛹壳夹留孔口（庞正轰，2009）。

4. 防治方法

（1）农业防治

促壮树体，加强水肥管理，适时施肥、浇水，及时排涝、除草、松土，复壮树势，提高树木自身对害虫的抵抗力（林昌礼等，2017）。定期巡园，发现受害萎蔫或枯萎的枝条，直接剪除，并将树体内虫体杀死。

（2）物理防治

由于咖啡木蠹蛾都具有趋光性，因此可采用灯光诱杀，如采用频振式杀虫

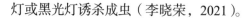

灯或黑光灯诱杀成虫（李晓荣，2021）。

（3）化学防治

主要在产卵期和幼虫孵化期进行。利用20%三唑磷乳油剂1 500倍稀释液，毒杀喷药前7天内孵化已蛀枝干的幼虫和喷药后10天内蛀入枝干的幼虫，致死率均达到85%以上（潘蓉英等，2003）。

（4）生物防治

生物防治是防控咖啡木蠹蛾的有效手段。咖啡木蠹蛾天敌小茧蜂（Braconidae）可寄生于咖啡木蠹蛾幼虫，寄生率为9.1%～16.8%（孙益知等，2009）。可使用白僵菌［Beauveria bassiana（Blas.-Criv.）Vuill.］液直接喷杀木蠹蛾初孵幼虫，也可用白僵菌粘膏涂在孔口，或用喷注器对蛀虫孔口喷注白僵菌液（江建国等，2010）。

（三）咖啡绿蚧

咖啡绿蚧 Coccus viridis Green 别名为咖啡绿软蜡蚧（田虎，2013），是同翅目（Homoptera）蚧科（Coccidae）软蜡蚧属（Coccus）昆虫，是咖啡树的重要害虫之一。

1. 寄主

咖啡绿蚧广泛分布于世界整个热带地区（唐树梅，2007），在国内主要分布于广东、广西、云南、海南、福建等省（自治区）。除为害咖啡树外，咖啡绿蚧还为害荔枝、龙眼、红毛丹、油棕、茶树、杧果、柑橘、橡胶、木薯、山茶、人心果、番石榴、石榴、柠檬、可可等经济作物植株。咖啡绿蚧的寄主包括漆树科等15个科30种植物（娄予强等，2023）。

2. 为害特点

主要为害咖啡植株的叶片（图2-33）、嫩茎（图2-34）和果实（图2-35）。咖啡绿蚧除直接吸取咖啡植株汁液为害外，同时在叶片上排泄蜜露引起煤烟病，严重影响咖啡植株的光合作用，导致咖啡植株树势衰退，受害植株果实干枯变黑，产量、质量下降（李贵平，2004；郑勇等，2018）。一般受害较重的咖啡园直接减产达到 30% 以上（李贵平，2004）。

图 2-33　咖啡绿蚧为害叶片（段春芳　摄）

图 2-34　咖啡绿蚧为害嫩茎（段春芳　摄）

图 2-35　咖啡绿蚧为害咖啡果实（娄予强　摄）

3. 生物学习性

咖啡绿蚧 1 代历期 28～42 天。全年发生 1 至数代（中国农业百科全书总编辑委员会茶业卷编辑委员会等，1988），孤雌生殖。卵直接产于腹下，1 雌虫一生可产卵数百粒，卵置于母体下面（李加智，2008），不分泌白色棉状卵囊，卵产后几小时即孵化（陈宗懋，2000）。初孵化的若虫在母体下面作短暂的停留，而后分散外出，非常活跃，四处爬行，寻找适宜的场所取食为害，并不再移动（郑勇等，2018）。成虫和若虫固定在叶背、枝条及果实上为害，尤其以幼嫩部分受害较重。在叶片上的分布以叶脉两侧较多，嫩枝上多分布在纵形的稍微凹陷处（李学俊，2014）。

4. 防治方法

（1）农业防治

加强水肥管理，增强树势；适度修剪咖啡苗木，加强通风；驱除蚂蚁、冬季枝干涂白。

（2）化学防治

可使用 24% 螺虫乙酯悬浮剂，5% 吡虫啉乳油、25% 噻虫嗪可湿性粉剂、5% 啶虫脒乳油等进行防治。

（3）生物防治

充分利用咖啡绿蚧的天敌进行生物防治。注意保护咖啡园内的天敌昆虫如瓢虫、蜡蚧轮枝菌、白僵菌及寄生蜂类等。

参考文献

陈宗懋，2000．中国茶叶大辞典 [M]．北京：中国轻工业出版社．
付兴飞，李贵平，黄家雄，等，2020．咖啡重大害虫灭字脊虎天牛的研究进展
    [J]．江西农业学报，32（7）：50-56．

高祥照，2013．水肥一体化是提高水肥利用效率的核心 [J]．中国农业信息
（14）：3-4．

华南热带作物学院，1991．热带作物病虫害防治学 [M]．北京：中国农业出
版社．

华南热带作物学院热带植物保护系，华南热带作物科学研究院植物保护研究
所，1980．热带作物病虫害防治 下篇 [M]．北京：农业出版社．

黄朝豪，1997．全国高等农业院校教材 热带作物病理学（植物保护专业用）
[M]．北京：中国农业出版社．

江建国，柴长宏，2010．园林植物病虫害防治技术 [M]．郑州：黄河水利出
版社．

李伏生，陆申年，2000．灌溉施肥的研究和应用 [J]．植物营养与肥料学报
（2）：233-240．

李贵平，2004．云南怒江干热河谷区咖啡绿蚧周年发生规律研究 [J]．热带农
业科技，22（3）：17-19．

李贵平，胡发广，黄家雄，2020．小粒种咖啡生产新技术 [M]．昆明：云南科
技出版社．

李加智，2008．云南主要热带作物病虫害诊断与综合防治原色图谱 [M]．昆
明：云南民族出版社．

李锦红，张洪波，周华，等，2011．荫蔽或非荫蔽耕作制度对云南咖啡质量的
影响 [J]．热带农业科学，31（10）：20-23．

李南林，梁远楠，2019．100 种常见林业有害生物图鉴 [M]．广州：广东科技
出版社．

李荣福，王海燕，龙亚芹，2015．中国小粒咖啡病虫草害 [M]．北京：中国农
业出版社．

李晓荣，2021．苹果园钻蛀性害虫咖啡木蠹蛾防治技术 [J]．西北园艺（果树）
（1）：22-23．

李学俊，2014．小粒种咖啡栽培与初加工 [M]．昆明：云南大学出版社．

李燕婷，肖艳，李秀英，等，2009．叶面施肥技术在果树上的应用 [J]．中国

农业信息（2）：28-30.

林昌礼，李东青，王明月，2017. 浙江省丽水地区 4 种油茶主要害虫防治技术 [J]. 湖北林业科技，46（2）：47-50.

娄予强，程金焕，李亚麒，等，2022. 咖啡木蠹蛾及其防治技术研究进展 [J]. 热带农业科学，42（9）：58-63.

娄予强，何红艳，杨旸，等，2023. 咖啡绿蚧生物学及其防控技术研究进展 [J]. 中国热带农业，110（1）：21-32.

吕玉兰，黄家雄，2012. 小粒种咖啡营养特性的初步研究 [J]. 热带农业科学，32（10）：1-4.

潘蓉英，方东兴，何翔，2003. 咖啡木蠹蛾生物学特性的研究 [J]. 武夷科学，19：162-164.

庞正轰，2009. 经济林病虫害防治技术 [M]. 南宁：广西科学技术出版社.

雀巢（中国）有限公司，2011. 咖啡种植手册 [M]. 北京：中国农业出版社.

沈其荣，谭金芳，钱晓晴，等，2001. 土壤肥料学通论 [M]. 北京：高等教育出版社.

孙益知，孙光东，庞红喜，2009. 核桃病虫害防治新技术 [M]. 北京：金盾出版社.

唐树梅，2007. 热带作物高产理论与实践 [M]. 北京：中国农业大学出版社.

田虎，2013. 介壳虫类昆虫 DNA 条形码识别技术研究 [D]. 北京：中国农业科学院.

王华，海莲，何亚强，等，2014. 咖啡小粒种的主要品种来源及特性分析 [J]. 中国农业信息，164（9）：89-90.

吴伟怀，GBOKIE J R，梁艳琼，等，2020. 咖啡褐斑病菌的分离鉴定及其培养特性测定 [J]. 分子植物育种，18（12）：222-228.

张洪波，李文伟，石支边，等，2002. 小粒咖啡庇荫效应及其间作优势组合的探讨 [J]. 云南热作科技（1）：18-21，26.

张洪波，周华，李锦红，等，2010. 云南小粒种咖啡荫蔽栽培研究 [J]. 热带农业科学，33（3）：40-48，54.

郑勇，李孙洋，成文章，2018. 小粒咖啡病虫害防治 [M]. 昆明：云南大学出版社．

中国农业百科全书总编辑委员会茶业卷编辑委员会，中国农业百科全书编辑部，1988. 中国农业百科全书茶业卷 [M]. 北京：农业出版社．

中国农业科学院植物保护研究所，1979. 中国农作物病虫害（下册）[M]. 北京：中国农业出版社．

周华，郭铁英，2018. 咖啡种质资源的收集、保存、鉴定评价及创新利用 [M]. 昆明：云南大学出版社．

ALLINNE C, SAVARY S, AVELINO J, 2016. Delicate balance between pest and disease injuries, yield performance, and other ecosystem services in the complex coffee-based systems of Costa Rica[J]. Agriculture Ecosystems & Environment, 222: 1-12.

AURALIDHARA R, RAGHURAMULU Y, 2004. Soil and water conservation measures in coffee[J]. Indian Coffee, 9: 31-33.

AVELINO J, HOOPEN G M T, DECLERCK F A J, 2011. Ecological mechanisms for pest and disease control in coffee and cacao agroecosystems of the neotropics. Ecosystem services from agriculture and agroforestry: measurement and payment[M]. London: Earthscan.

COSTA G, LIRA J B, FREITAS-LOPES R, et al., 2019. Tank mix application of copper hydroxide either with cyproconazole or pyraclostrobin fungicides reduced the control of coffee leaf rust[J]. Crop Protection, 124: 104856.

FREITAS R L, MACIEL-ZAMBOLIM E, ZAMBOLIM L, et al., 2013. Colletotrichum boninense causing anthracnose on coffee trees in Brazil[J]. Plant Disease, 97(9): 1255.

JÚNIOR J H, DEBONA D, ZAMBOLIM L Z, et al., 2021. Factors influencing the performance of phosphites on the control of coffee leaf rust[J]. Bragantia, 80: e0221.

KOUTOULEAS A, JØRGENSEN H J L, JENSEN B, et al., 2019. On the hunt for the alternate host of *Hemileia vastatrix*[J]. Ecology and Evolution, 9(23): 13619-13631.

LOPES U P , ZAMBOLIM L, NETO P S, et al., 2014. Silicon and triadimenol for the management of coffee leaf rust[J]. Journal of Phytopathology, 162(2): 124-128.

MCCOOK S, VANDERMEER J, 2015.The big rust and the red queen: long-term perspectives on coffee rust research[J]. Phytopathology, 105: 1164-1173.

WALLER J M, BIGGER M, HILLOCKS R J, 2016. 咖啡病虫害防治 [M]. 刘杰, 申科, 李荣福, 译. 北京: 中国农业出版社.

ZEWDIE B, TACK A, AYALEW B, et al., 2021. Temporal dynamics and biocontrol potential of a hyperparasite on coffee leaf rust across a landscape in Arabica coffee's native range[J]. Agriculture Ecosystems & Environment, 311(4): 107297.

第三章

咖啡加工

第一节　初加工

咖啡初加工包括鲜果采收，鲜果加工以及精品微批次加工。

一、鲜果采收

（一）鲜果成熟

咖啡果实成熟的过程中，红果皮品种的果皮颜色会由绿色逐渐变成青黄色、橘红色、鲜红色、紫红色、紫黑色（图3-1），如果不及时采收，会变成全黑色的干果。黄果皮品种的果皮颜色由绿色变成浅黄色、深黄色，如果不及时采收，也会逐渐变成黑色。

图3-1　红果皮品种咖啡鲜果果皮随成熟期变化（娄予强　摄）

咖啡鲜果随着成熟度增加，果肉含糖量也在逐渐增加，到深红色或紫红色时达到最高。鲜果采收要选取完全成熟的鲜果，成熟度高则果肉含糖量高，有利于后续加工过程中咖啡品质的形成。红果皮品种采摘标准为深红色或紫红色，黄果皮品种要求采摘时果皮为深黄色。判断成熟标准为鲜果轻轻挤压就可以使果皮破裂，也可通过测试果皮含糖量，一般鲜果完全成熟后果皮含糖量可达 18% 以上。成熟度不足，咖啡果肉含糖低，会影响咖啡后期品质的形成。

（二）鲜果采收

咖啡鲜果采收主要有人工采收和机械采收两种方式，云南咖啡主要是山地种植，由于山高坡陡，主要采用人工采收。近年来由于人工成本的不断增加，鲜果采收成本几乎占到了生豆成本的一半以上。因此近年来相关科研单位与企业，联合开发了手持小型鲜果采收机。

1. 人工采收

鲜果人工采收（图 3-2）要做到随熟随采，忌采干果、病果、绿果。采摘

图 3-2　鲜果人工采收（吕玉兰　摄）

要逐颗采收,忌"撸采"。"撸采"易破坏树体、花芽、叶片,影响第二年的产量。

2. 机械采收

机械采收要选择在鲜果成熟较集中时期进行。机械采收时,将采收机的机械手夹在结果枝末端,开动电源,通过机械手振动带动结果枝振动,将鲜果全部从树上振落。机械采收时,需在目标树体周围及地面铺好地布,用于接收振落的咖啡果。

3. 鲜果暂存和运输

鲜果采收下来后,要用食品级的编织袋盛放于阴凉处暂存。以销售鲜果为主的农户,应在当天将鲜果送至加工厂处理。自行加工的,也要在当天进行处理。鲜果运输过程中,车辆要干净整洁,不能与有异味的物质一起运输。

鲜果采收相关图片见图 3-3 至图 3-5。

图 3-3　鲜果分级采收（娄予强　摄）　　图 3-4　成熟果很容易脱皮（程金焕　供图）

图 3-5　精品咖啡生产中人工挑除绿果（程金焕　供图）

二、鲜果加工

咖啡鲜果加工，目前国内常用的有干法加工、湿法加工和微水加工3 种，由于近年来普通水洗咖啡价格低，常规水洗加工污水排放量大，且污水处理困难，因此精品微批次加工越来越受到农户和企业青睐。此外，伴随着国内咖啡加工机械的不断进步，国内的鲜果微水加工技术已得到广泛应用。

（一）干法加工

干法加工是最原始的咖啡鲜果加工方式，国外主要在缺少水源和加工设备的咖啡产区使用。其加工流程：鲜果→干燥→打包入库。即将咖啡果直接干燥至水分含量达到10%~12%，进行包装、入库或销售。但近年来随着精品微批次加工技术的推广，很多精品鲜果，也采用了干法加工，但其加工方式与此方法略有差异，详见"精品微批次加工"。

埃塞俄比亚咖啡干法加工晒场见图3-6，国内孟连天宇咖啡庄园干法加工晒场见图3-7。

图3-6　埃塞俄比亚咖啡干法加工晒场（程金焕　供图）

图3-7　孟连天宇咖啡庄园干法加工晒场（娄予强　摄）

（二）湿法加工

湿法加工是将咖啡鲜果经分级、脱皮、脱胶、清洗后，干燥至水分含量达10%～12%，再打包入库。湿法加工因为加工程序易于实现标准化，品质一致性好而为广大生产者和消费者青睐。湿法加工也是目前世界范围内最常见的加工方式。湿法加工又根据不同的脱胶方式分为常规湿法加工和机械湿法加工两种。采用发酵方式进行脱胶的被称为常规湿法加工，采用机械脱胶的被称为机械湿法加工。

所需设备：鲜果浮选机、鲜果色选机、提升机、脱皮机、脱胶机（机械湿法加工需要）、青果分离机、烘干机、晾晒架、污水处理系统。

所需设施：鲜果收集池、发酵池（仅普通湿法加工需要）、洗豆池（仅普通湿法加工需要）、浸泡池、废水（皮）处理池、晒场、库房。

常规水洗工艺流程：咖啡鲜果→除杂→分级→脱皮→发酵脱胶→清洗→干燥→打包入库。

机械水洗工艺流程：咖啡鲜果→除杂→分级→脱皮→机械脱胶→浸泡→干燥→打包入库。

湿法加工的注意事项：①首先将鲜果放入干净的水中清洗后，再用脱皮机进行脱皮；②要求脱皮机的脱皮脱净率在95%以上，机械破损率在3%以下；③采用自然发酵脱胶要注意经常搅拌，使发酵均匀，发酵完成后要尽快清洗晾晒，不能过度发酵；发酵过程中，要注意换水；④采用机械脱胶要注意脱胶机滚动轴和筛子的间距，既要保障脱胶的比例，又要严格控制机械的破损率，一般要求破损率要在5%以下，经机械脱胶后，在清水内浸泡8～12小时即可晾晒。

鲜果清洗至打包入库见图3-8至图3-13。

在人工成本不断增加的情况下，合作社和企业可以通过增加设备投入（图3-14至图3-22），在鲜果原料一般的情况下，加工出好的水洗咖啡。

图 3-8 鲜果清洗（程金焕 供图）

图 3-9 鲜果脱皮（程金焕 供图）

图 3-10 自然发酵脱胶（程金焕 供图）

图 3-11 清洗晾晒（程金焕 供图）

图 3-12 干燥（程金焕 供图）

图 3-13 打包入库（程金焕 供图）

图 3-14　鲜果色选（程金焕　供图）

图 3-15　机械浮选（程金焕　供图）

图 3-16　青果分离与机械脱胶（程金焕　供图）

图 3-17　清洗（程金焕　供图）

图 3-18　机械干燥（程金焕　供图）

图 3-19　干燥结束后对咖啡进行装袋
（程金焕　供图）

图 3-20　普洱市长木咖啡有限公司
水洗加工系统-1（程金焕　供图）

图 3-21　普洱市长木咖啡有限公司
水洗加工系统-2（程金焕　供图）

图 3-22　普洱市长木咖啡有限公司水洗加工场景（程金焕　供图）

污水处理：湿法加工过程中，脱皮、脱胶、清洗、浸泡等环节会产生大量含有果皮、果肉、糖类、果胶（多缩半乳糖醛酸甲酯和半乳糖醛酸）、单宁酸等的高浓度有机废水，废水呈酸性，直接排放会造成环境污染。因此，咖啡加工废水在排放前要进行无害化处理（图 3-23 至图 3-30）。其主要流程为：污水通过管网系统，进入格栅井去除大颗粒有机物，然后再经过多级生化处理系统，将其中对环境有害有机物进行降解，最后再经过絮凝沉淀，达到排放标准。

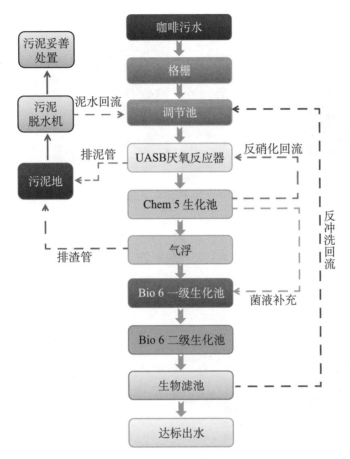

图 3-23 多级增强型生化处理工艺流程［哈菲拉环境工程（云南）有限公司 供图］

图 3-24 经收集管网汇集的咖啡废水进入
格栅井过滤（程金焕 供图）

图 3-25 咖啡废水处理站（程金焕 供图）

图 3-26　达标排放出水

图 3-27　咖啡废水净化前后对比

[哈菲拉环境工程（云南）有限公司　供图]

图 3-28　普洱市思茅区长木咖啡有限公司炮仗山污水处理系统（程金焕　供图）

图 3-29　多级生化处理系统（程金焕　供图）

图 3-30　污泥收集（程金焕　供图）

（三）微水加工

咖啡鲜果采用湿法加工污水排放量大，污水处理系统的建设费用和运行费用都很高，且污水排放系统占地面积较大，很多传统的初加工厂很难通过增建污水处理系统来解决湿法加工过程中的污水问题。通过设备改造提升，减少湿法加工中的用水量，是解决以上问题较为可行的一种方式。目前云南多家企业、科研院所已开展了相关研究和开发，其中普洱富民农业装备有限公司研发的微水加工设备，已经在产区进行示范推广。

与传统湿法加工相比，微水加工（图3-31至图3-34）就是将咖啡鲜果先放入机械浮选系统，用机械和水，将树枝、树叶、杂质等清除，并利用水浮力，将干果与其他果进行分离。再利用传输带或提升机，将咖啡鲜果运送至脱皮机内进行脱皮，脱皮后的带果胶咖啡豆及未完成脱皮的绿果、病果再进入青果分离机，将绿果与病果分离出去，再经运输带运送至脱胶机内脱胶后，直接进行干燥。整个加工过程，除机械浮选阶段外，脱皮、脱胶及相关运输过程，都不用水。

图3-31　普洱富民农业装备有限公司
微水加工生产线（陈舰飞　供图）

图3-32　云南爱伲农牧（集团）有限公司
微水加工生产线（程全焕　供图）

图 3-33　脱皮及青果分离系统　　　图 3-34　普洱富民农业装备有限公司
（程金焕　供图）　　　　　　微水加工现场（陈舰飞　供图）

三、精品微批次加工

近年来普通咖啡原料价格低迷，但精品咖啡原料价格较高，且有供不应求的趋势。精品咖啡加工，一是需要鲜果采摘质量高，二是加工过程中需要细致，三是加工时间普遍较长，因此很难做到大批量的生产；部分特殊处理的咖啡，因为风味特殊，受众群体小，建议农户可以采用定制化的生产模式。下面介绍几种精品微批次处理加工。

（一）精品干法加工

将经过精选后的咖啡鲜果清洗后，直接干燥至水分含量 10%～12% 即可打包入库。干燥过程中，要随时关注天气变化，鲜果干燥至外表开始褐变后，日落或空气湿度增加时，要用塑料布盖住，防止吸水；干燥过程不能出现霉变；干燥可采用在日光下离地晾晒，也可采用机械热风干燥设备进行干燥（图3-35 至图 3-40 ）。

图 3-35 鲜果要精挑细选（程金焕 供图）

图 3-36 外表开始褐变（程金焕 供图）

图 3-37 防止回潮（程金焕 供图）

图 3-38 干燥结束（程金焕 供图）

图 3-39 有内膜的塑料袋包装

（屈衍伟 供图）

图 3-40 热风干燥至水分含量达标

（程金焕 供图）

（二）半干法加工

半干法加工又称蜜处理加工，即将咖啡鲜果经脱皮后，不脱胶或脱去部分果胶后，带果胶干燥至水分含量达到10%～20%（图3-41、图3-42）。根据果胶保留的多少和干燥的快慢，最后果胶可呈现白色、黄色、红色、黑色和金黄色等，所以又分别称为白蜜处理、黄蜜处理（图3-43）、红蜜处理（图3-44）、黑蜜处理（图3-45）和黄金蜜处理。白蜜处理和黄金蜜处理较少见，主要介绍黄蜜处理、红蜜处理和黑蜜处理。

图3-41　咖啡带果胶干燥
（保山惟他立恩咖啡有限公司　供图）

图3-42　干燥过程容易结块
（保山惟他立恩咖啡有限公司　供图）

图3-43　黄蜜处理（程金焕　供图）

图3-44　红蜜处理（屈衍伟　供图）

图 3-45　图右侧为黑蜜处理（屈衍伟　供图）

　　黄蜜处理：果胶保留 50% 左右，快速干燥，可得到黄蜜处理原料。

　　红蜜处理：基本保留全部果胶，早期快速干燥，后期在一定的遮阳条件下较慢干燥，果胶保留量大，可加工得到红蜜处理原料。

　　黑蜜处理：保留全部果胶，早期迅速干燥，之后在较高遮阳的环境下，慢慢干燥，果胶经发酵褐变，可得到黑蜜处理原料。

　　果胶保留量越大，干燥过程越长，咖啡的发酵味道越重，对有较强发酵味的咖啡，接受群体小，建议采用定制加工。

（三）厌氧发酵

　　将咖啡鲜果在密闭的条件下进行无氧发酵，加工出来的咖啡常常会有红酒味。或将脱皮后带果胶豆，加入红酒酶，在密闭的条件下进行无氧发酵，也可生产出具有红酒味道的咖啡。

　　相关场景见图 3-46 至图 3-50。

咖啡与生活

图 3-46 鲜果厌氧发酵
（程金焕 供图）

图 3-47 带果胶咖啡豆厌氧发酵
（程金焕 供图）

图 3-48 不同厌氧发酵设备（程金焕 供图）

图 3-49 经厌氧发酵后直接干燥
（屈衍伟 供图）

图 3-50 如蜜饯般日晒（程金焕 供图）

（四）"灵猫"加工法

"灵猫"加工法是一种特殊的厌氧发酵加工方法，是指咖啡鲜果在"灵猫"的胃肠道系统中完成脱皮、脱胶同时发酵形成特殊风味咖啡生豆的加工方法。此加工方法的特别之处在于，咖啡果实的脱皮、脱胶及发酵环节均在"灵猫"体内完成。本节"灵猫"特指灵猫科的果子狸（学名：*Paguma larvata*，英文名：Swinhoe，见图 3-51）和椰子狸（学名：*Paradoxurus hermaphroditus* Pallas，俗称"麝香猫"，见图 3-52），而经过果子狸和椰子狸消化系统排出的咖啡即为大众所熟知的"猫屎咖啡"（图 3-53～图 3-55）。

图 3-51 果子狸（保山隆阳区果馨麝香猫咖啡厂 供图）

图 3-52　椰子狸（云南保山市猫尼咖咖啡有限公司　供图）

图 3-53　猫屎咖啡带壳豆（保山隆阳区果馨麝香猫咖啡厂　供图）

图 3-54　猫屎咖啡产品 -1 　　　　　　　　图 3-55　猫屎咖啡产品 -2

（云南保山市猫尼咖咖啡有限公司　供图）　　　（保山隆阳区果馨麝香猫咖啡厂　供图）

生产猫屎咖啡的工艺流程如下：咖啡成熟鲜果→清洗除杂→鲜果喂食→肠道发酵→收集咖啡豆→干燥→脱壳→分级→猫屎咖啡生豆产品。

经过烘焙的猫屎咖啡具有口感温和、柔滑的特点，深受国内外广大消费者喜爱。目前国内仅有云南保山猫尼咖咖啡有限公司和保山隆阳区果馨麝香猫咖啡厂等少数企业或个体获得了特种养殖许可资质。

四、咖啡果皮的加工制作

咖啡果皮营养丰富，且咖啡因含量较高，在鲜果采摘质量较高的情况下，将鲜果果皮直接干燥后，再经烘焙可制成咖啡果皮茶（果肉茶），目前的市场售价已远远超过了咖啡生豆，不仅可以提高咖农的收益，由于果皮茶对原料（咖啡鲜果）成熟度要求高，从而也间接提高了咖啡生豆的质量。咖啡果皮茶的制作工艺，是将采收的完全成熟的鲜果，用干净的水清洗后，再使用小型的人工脱皮机在不加水的情况下将鲜果果皮脱下（图3-56），然后将果皮迅速干燥（图3-57）后密封保存。

图3-56 人工使用小型脱皮机对用于制作果皮茶的咖啡进行脱皮（程金焕 供图）

图3-57 鲜果果皮晾晒干燥（程金焕 供图）

第二节　咖啡精深加工

一、焙炒咖啡产品生产

（一）焙炒咖啡豆

1.焙炒咖啡豆工艺流程

咖啡生豆→筛选除杂→烘焙→冷却→包装→成品。

2.工艺说明

（1）咖啡生豆

咖啡生豆质量标准为应无黑豆、白豆、极碎豆、缺陷豆及石块、金属、种壳等其他杂质。

（2）烘焙

烘焙时间的长短，不仅因咖啡的品种及类型而异，还取决于最终产品所要求的烘焙度，一般要烘焙8～15分钟才能充分产生香气。常用的烘焙机其烘焙原理都基本相同，就是对一个相对密闭的空间（烘焙室）持续加热，促使咖啡生豆水分逐渐散失，同时咖啡豆内部发生了一系列复杂的化学变化而产生咖啡特有颜色和香气的过程。

关键质量控制点：开始焙炒温度为180℃左右，焙炒过程温度为180～250℃，焙炒时间为10～20分钟。

（3）冷却

在一个带风力反抽系统的转盘上运作，目的是给咖啡豆降温，减少芳香物质的散失，"紧急叫停"咖啡豆内部可能还在进行着的化学反应；以及使咖啡豆表层已经脱落的银皮通过反抽力量除去，减少成品的苦涩味。

（二）焙炒咖啡粉

焙炒咖啡粉就是在焙炒咖啡豆的基础上，使用磨豆机将其进行研磨至粉状。磨碎的咖啡，特别是细磨的，由于与氧气的接触面增大，容易氧化变质，另外，呈香物质也很容易散失，一般采用密封性材料包装以保持它的香味。关键质量控制点：要求咖啡颗粒粗细适中，磨碎后要尽快加工或包装。

二、速溶咖啡生产

（一）速溶咖啡生产工艺流程

速溶咖啡是咖啡生豆经焙炒、粉碎后用水萃取可溶物，再经热空气干燥或冷冻干燥而制成的纯咖啡固体饮料。由于可溶成分经过蒸发干燥，它能很容易再溶于水成为原汁饮品（文志华等，2011）。

其生产工艺流程如下：咖啡生豆→筛选除杂→烘焙→研磨→浸提→离心（液固分离）→浓缩→干燥→包装→成品。

（二）速溶咖啡工艺说明

1. 生咖啡豆的预处理

首先对原料进行精选，咖啡生豆应豆味新鲜，色泽明亮，颗粒完整、大小均匀，碎豆及杂物质少，无霉。为了保证质量，可以采用振动筛、风压输送或真空输送等方式去除咖啡豆中的尘土、树枝、石头等杂质及缺陷豆（文志华等，2011）。粒径分选机见图3-58，色选机见图3-59。

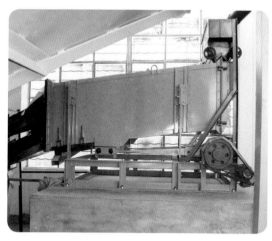

图 3-58 粒径分选机
（云南省农业科学院热带亚热带
经济作物研究所 供图）

图 3-59 色选机
（云南省农业科学院热带亚热带
经济作物研究所 供图）

2. 烘焙

烘焙时间的长短，不仅因咖啡的品种及类型而异，还取决于最终产品所要求的烘焙度。一般烘焙温度在180～250℃，时间为10～20分钟（高愿军等，2012）。

3. 研磨

焙炒咖啡豆用专用辊式粉碎机粉碎（高愿军等，2012）。一般研磨后咖啡的颗粒平均直径约为1.5毫米。如果研磨得太细，浸提效率会提高，但后续过滤变得困难。如果研磨得太粗，浸提效率会降低，若想达到同等效果则必须增加水量、提高温度和压力（文志华等，2011）。

4. 萃取

研磨好的咖啡颗粒在萃取器中用高温、高压的热水萃取。萃取时的料水比一般为1:（3.5～5.0），萃取时间为60～90分钟，浸提温度为90℃以上（高愿军等，2012）。速溶咖啡萃取分离车间见图 3-60。

图 3-60　速溶咖啡萃取分离车间（云南景兰热作科技有限责任公司　供图）

5. 离心（液固分离）

萃取好的咖啡液会残留很多难溶性的固形物，这就需要在输往下一段工序前对咖啡液进行离心分离，一般采用碟式分离机就可以达到所需要的分离效果。

6. 浓缩

浓缩一般分为真空浓缩、离心浓缩和冷冻浓缩（文志华等，2011）。为了提高干燥效率，减小设备投资及能耗，咖啡液的浓度一般控制在 30%～40% 为宜（郭芬，2014）。速溶咖啡浓缩车间见图 3-61。

图 3-61　速溶咖啡浓缩车间
（云南景兰热作科技有限责任公司　供图）

7. 干燥

干燥方法分为喷雾干燥及真空冷冻干燥两种。

（1）喷雾干燥

浓缩液通过压力泵直接输送到喷雾干燥塔顶，通过压力喷枪喷成雾状，在245℃左右的热风气流下干燥成粉末（郭芬，2014）。水分含量为2%～3%。喷雾干燥不能避免香气的损失，但设备简单、成本低（高愿军等，2012）。

（2）真空冷冻干燥

利用真空冷冻干燥技术生产的冻干咖啡是目前世界上品质最佳、风味和口感最好的速溶咖啡，它避免了"喷雾干燥咖啡"或"凝聚增香咖啡"生产中高温干燥过程对咖啡品质的损害，完好地保留了炒磨咖啡的风味和口感，从此速溶咖啡的品质得到了很大的提高。当然其售价也比"喷雾干燥咖啡"和"凝聚增香咖啡"高（李从发等，2007）。速溶咖啡生产喷雾干燥设备见图3-62。

图3-62　速溶咖啡生产喷雾干燥设备（云南景兰热作科技有限责任公司　供图）

三、冻干咖啡的生产

近几年，我国冻干技术在食品工业中的应用发展很快，国产冻干设备的技术得到了很大的提高，有的接近国外先进的技术水平，而价格仅为进口设备的1/5～1/4，这为我国咖啡生产企业开发冻干速溶咖啡提供了良好的条件（龙宇宙，2007）。

（一）冻干工艺流程

咖啡豆→烘培→研磨→萃取→浓缩蒸发→冷却→冻结→降温→破碎及筛分→真空冷冻干燥→包装。

（二）工艺说明（李从发等，2007）

1. 配制浓缩液

用作冻干咖啡原料浓缩液的质量分数一般为40%。

2. 冷却

浓缩液的起始温度约为50℃，须预先把它冷却到较低温度冻结，一般可采用片式交换器将物料冷却至0～3℃。

3. 冻结

冷却后的物料经管道输送到片冰机中，在这里物料从液态转变为固态，此时须保证物料冻结的均匀性，因为这关系到成品颜色的均一性。为此可把冰片的厚度调小一些，建议取3～4毫米，由于厚度较薄，制冷快速而均匀，不会出现冻结分层现象，冰晶微粒较为细密均匀。制成的冻结物料颗粒（片状）大小为5～10毫米，温度约 -10℃。

4. 降温、破碎及筛分

成品冻干咖啡物料颗粒约为 2 毫米，但片冰机出来的物料大小为 5～10 毫米，因此需要进一步破碎。由于冻片机出来的物料颗粒温度仅为 -10℃，此温度下物料硬度不足，不利于破碎的进行。因此，在破碎前物料应先通过一台冷冻隧道使温度降至 -43℃，然后再送入一台双辊破碎机进行破碎，破碎比为 5：1 时容易一次完成。破碎后的小颗粒直接落入一台两级振动筛，粗细均匀的合格颗粒，送到贮存仓中贮存，并用预先冷却至适温的盘子装好，吊在吊车上，存放在贮存室内以备成批送入冻干机中干燥。经振动筛筛分出的太大的颗粒会被提升机送返回破碎机再次破碎，太小的颗粒和粉末将会进入浓缩液贮存罐中混合并融化。

5. 真空冷冻干燥

按批次进行，在贮存室内（温度 -40℃）贮存的物料已装盘并放在小吊车上。小吊车通过天轨可以很便捷地把物料送入干燥仓中，物料装完后应立即关上仓门，并开始抽真空直至 50 帕，在这样的压力下咖啡颗粒可在 -27℃的温度下完成脱水。

6. 分装

冻干咖啡颗粒暴露在空气中极易返潮。因此干燥结束后应尽快把成品装入薄膜袋中封口保存。分装车间相对湿度应保持在 30%～40%，温度在 25℃以下。

四、常见咖啡精深加工产品

众所周知，市场上有各种形式的咖啡在销售。它们的名称各有不同，包装形式也多种多样，风味及制作方式也不一样。现将常见的咖啡产品梳理为速溶咖啡、焙炒咖啡、即饮咖啡（预包装的咖啡类饮料）、其他产品四大类。

（一）速溶咖啡产品

《速溶咖啡》（DBS 53/021—2014）对速溶咖啡的概念及其加工工艺种类进行了明确规定。速溶咖啡是指以咖啡豆为原料，经焙炒、粉碎后用水萃取可溶物，再经蒸发和干燥而得到的纯咖啡固体饮料。速溶咖啡按加工工艺及外观形态分为3种：喷雾干燥速溶咖啡、凝聚速溶咖啡、冷冻干燥速溶咖啡。采用瞬时高温雾化干燥法制取的粉末状速溶咖啡为喷雾干燥速溶咖啡；用喷雾干燥速溶咖啡再经凝聚造粒工艺制取的颗粒状速溶咖啡为凝聚速溶咖啡；在低温下冻结咖啡萃取物，再经低温升华干燥制取的块（粒）状速溶咖啡为冷冻干燥速溶咖啡。

图 3-63　喷雾干燥速溶咖啡粉
（云南省农业科学院热带亚热带经济作物研究所　供图）

根据是否添加辅料（奶粉、植脂末），还可将速溶咖啡产品分为纯速溶产品（"黑咖啡"等）以及复合速溶咖啡产品。常见的复合速溶咖啡产品为二合一或三合一速溶咖啡。近年来，随着市场消费需求的多元化，越来越多的风味型及功能型速溶咖啡产品相继面世（图 3-63 至图 3-68）。

图 3-64　高晟庄园三合一速溶咖啡
（尹海万　供图）

图 3-65　冷萃冻干速溶咖啡粉
（娄予强　摄）

图 3-66　爱伲公司冷萃冻干咖啡产品
（娄予强　摄）

图 3-67　景兰公司冻干咖啡产品
（娄予强　摄）

图 3-68　景兰公司速溶咖啡产品
（娄予强　摄）

（二）焙炒咖啡产品

焙炒咖啡是指以咖啡豆为原料，经清理、调配、焙炒、冷却、磨粉等工艺制成的食品。包括咖啡豆和咖啡粉（《预包装食品及食品添加剂标签标示指南》编委会，2016）。

依据焙炒咖啡豆形态（指是否研磨等）以及产品包装材料的不同，可主要将产品划分为焙炒咖啡豆产品、挂耳咖啡产品和胶囊咖啡产品三类产品。

1. 焙炒咖啡豆产品

焙炒咖啡豆产品是指将烘焙好的咖啡豆直接进行密封包装后待售的产品（图 3-69 至图 3-72）。通常包装在装有单向排气阀的不透光的牛皮纸袋或其他复合材料中。当前，包装规格多以磅（1 磅 ≈ 454 克，下同）为计量单位，规格为 0.5 磅和 1 磅的产品相对较多。焙炒咖啡冲煮时通常在咖啡吧或家中制作，需借助专用的冲煮设备才能完成。

图 3-69　咖啡烘焙豆（娄予强　摄）

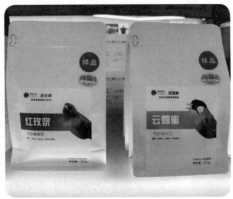

图 3-70　比顿公司烘焙豆产品（娄予强　摄）

图 3-71　中咖公司咖啡烘焙豆产品
（娄予强　摄）

图 3-72　高晟庄园咖啡烘焙豆产品
（娄予强　摄）

2. 挂耳咖啡产品

图3-73　比顿公司挂耳咖啡产品
（娄予强　摄）

图3-74　挂耳包挂杯展示
（娄予强　摄）

挂耳咖啡产品，是指已经烘焙好的咖啡豆经过烘焙与研磨后，装入具有孔隙的特定滤袋中，再密封于独立包装中的一种便携式咖啡产品（图3-73、图3-74）。该类产品的最大特点是便携，适合于出差、旅游饮用。咖啡豆经研磨成咖啡粉后，由于与空气接触增加，会加剧其氧化程度，风味口感也随之受到影响和变化。为保持良好的饮用风味，越来越多的生产商已开始使用充氮包装技术。饮用时，撕掉挂耳包的上部密封口，将滤袋两边的"挂耳"挂在杯子两侧，匀速加入热水（85～95℃最佳），热水渗过咖啡粉萃取出咖啡液，萃取完成后从杯子里移开挂耳包，即可饮用。

3. 胶囊咖啡产品

胶囊咖啡产品，是指与供特定胶囊咖啡机配套使用的咖啡产品。厂商预先将咖啡粉装入一粒咖啡胶囊内，然后充以氮气保鲜。密闭、充氮气的包装能有效地保持咖啡新鲜，防止氧化，保存期长达 2 年。胶囊咖啡是生产线上自动化填压的，可以保证每杯咖啡品质稳定（咖啡精品生活，2019）。

消费者需要饮用时，只要将胶囊装入咖啡胶囊机，按下操作键，胶囊咖啡机中有几个针头，会在进热水的同时，在咖啡胶囊表面和底部也刺穿几个孔洞，然后迅速用特定的压力注入沸水，滤过咖啡粉，最后从底部几个孔中萃取出最终的咖啡。

（三）即饮咖啡

即饮咖啡，主要以糖浆、乳粉、咖啡为主要成分，辅以奶油香精、食品添加剂构成不同风味的咖啡类的饮料。即饮咖啡最早进入国内市场是在 1998 年，雀巢、星巴克等外资品牌快速进入咖啡店、超市等零售终端，开拓了罐装、瓶装咖啡市场。随着国内咖啡市场快速发展，众多品牌纷纷涌入即饮咖啡赛道。据笔者查阅电商平台，当前即饮咖啡的品牌众多，除了星巴克、雀巢以外，还有 UCC（悠诗诗）、AGF Blendy、COSTA 咖世家、贝颂娜、隔田川、雅哈咖啡、三得利、炭火、火咖、牵手、东鹏饮料、乔雅、达亦多、宾格瑞、伯朗咖啡、鲜有志、桑戈利亚、辉山、蒙牛、欧亚、新希望、Cantata（康塔塔）、鹿色等 20 余家。包装类型的即饮咖啡多以小容量为主，大多为 200～300 毫升，常见的即饮咖啡多使用铝瓶或者 PET（聚对苯二甲酸乙二醇酯）瓶装，在常温下保存即可。

（四）其他产品

除了以上三大类咖啡产品外，市场上已正式面世的咖啡产品还有咖啡饼干、咖啡蛋糕 / 面包、咖啡冰淇淋、咖啡醋、咖啡酒、咖啡糖果、咖啡巧克力、咖啡面膜、咖啡皂、咖啡果冻等等。

第三节 咖啡副产物

咖啡是世界上消费较多的饮料之一。咖啡年产量超过 1.05 亿吨，且在逐年增加。随着咖啡产量及消费量的持续增长，咖啡加工产生的副产物也在逐年增加。咖啡在加工过程中会产生大量副产物，主要有咖啡果皮、果肉、银皮及咖啡渣等，本章主要介绍这些副产物及其在日常生活中的应用，为咖啡综合利用提供参考。

一、咖啡果皮及其利用

咖啡果皮（图 3-75）是咖啡加工过程的初级副产物，约占咖啡干重的 29.0%（王彦兵等，2020）。咖啡果皮富含纤维素、蛋白质、总糖、氨基酸、脂肪酸及花青素和芦丁等黄酮类物质，还含有大量的生物活性组分，营养成分丰富，对慢性疾病有不同的预防和治疗作用，具有较高的开发利用价值。

图 3-75　咖啡果皮（娄予强　供图）

1. 咖啡果皮茶

用咖啡果皮制作新型的咖啡果皮茶饮料（图 3-76），不仅口感、味道不错，营养价值也非常高。它拥有咖啡全部的健康元素，富含蛋白质、粗脂肪、维生素 C 等，是一种绝对无添加的纯天然能量饮料。它的抗氧化元素含量比普通的浆果高 8 倍，是一种经济实惠、酸味柔和的茶叶替代品（王彦兵等，2020；文志华等，2019）。

图 3-76 咖啡果皮茶（李亚麒 供图）

2. 咖啡果皮酒

咖啡果皮酒是以咖啡果皮为原料发酵生产的新型饮品。筛选咖啡果皮晒干或烘干，后破碎与糖酸水混合，接入活性干酵母及纯酒母发酵，发酵后的原酒经澄清、过滤、调制而酿成咖啡酒。该方法酿制的咖啡果皮酒风味独特，既有咖啡香味又有酒香味，营养丰富，具有提神之效。1989 年，利美莲等将湿法加工后的咖啡果肉分别用高压灭菌、药物灭菌、蒸煮 3 种方式进行处理后，再用酵母菌混合菌种进行半固态发酵，酿造咖啡果皮酒和咖啡白兰地酒，其中咖啡果皮的出酒率为 37.6%（匡钰等，2020）。

3. 咖啡果皮酸奶

咖啡果皮中含有花青素，主要为矢车菊素–3–葡萄糖苷和矢车菊素–3–芸香糖苷，含量分别为 3.35 毫克/100 克和 11.2 毫克/100 克。矢车菊素类花青素具有抗氧化、预防糖尿病并发症、抗病毒、抗炎症、提高免疫力等功能。添加咖啡果皮冻干粉于鲜奶中，发酵后研制成含有矢车菊素类花青素的复合发酵酸奶，组织状态均匀，口感细腻，带有咖啡香味（尹雄等，2019）。

4. 咖啡果皮堆肥

咖啡果皮中氮、磷、钾、镁和钙等养分含量较高，可作为潜在的有机肥源用于农业生产，以减少化肥施用量，促进咖啡的绿色高效种植。同时也可用作覆盖土壤表面的覆盖物，从而起到抑制杂草生长的作用。施用堆沤腐熟的咖啡果皮可显著提高咖啡植株生物量，促进根系生长，增强叶片光合作用、叶绿素含量及氮平衡指数（赵青云等，2020）。

5. 咖啡果皮饲料

咖啡果皮中含有糖、蛋白质、纤维素等主要成分，同时还含有多酚类物质、生物碱性等多种成分，可将咖啡果皮加工成饲料或青贮饲料饲喂动物，具有改善肉质的作用（匡钰等，2020）。

二、咖啡花及其利用

据分析，咖啡花朵中含蛋白质 15.8%、粗脂肪 8.74%、粗纤维 11.8%、总糖 18.2%、咖啡因 1.47%、维生素 C 190.9%、水浸出物 54.5%。咖啡花可用于制作新型咖啡花茶饮料（图 3-77），咖啡花茶以咖啡新鲜花朵为原料，经过摊晾→干燥→焙炒→冷却固香等工序制成，花茶颜色呈金黄色。咖啡花茶口感清甜、回甘柔和，喝起来有着蜂蜜的甜感和水果花干的优雅，但又蕴含着咖啡独特的香气，入口后余韵甘甜，满口的咖啡花香，令人回味无穷。咖啡花还可作为获取天然抗氧化活性成分的原料（沈晓静等，2022）。

图 3-77 咖啡花茶（李亚麒 供图）

三、咖啡叶及其利用

据分析咖啡叶片含有蛋白质 22.9%、粗脂肪 3.97%、粗纤维 9.82%、总糖 4.37%、咖啡因 2.74%、维生素 C 195.3%、水浸出物 40.7%。咖啡叶可以用来制作咖啡叶茶（图 3-78），咖啡叶制成的茶在非洲部分地区食用历史有 5 个世纪。咖啡叶茶以咖啡鲜叶为原料，采用传统制茶工艺，摊晾→杀青→揉捻→干燥而制成。比起咖啡和茶，咖啡叶茶不但咖啡因含量低苦味淡、味道温和，还含有许多有益健康的活性成分。咖啡叶茶中含有大量的粗纤维、儿茶素以及咖啡因等物质，其中的抗氧化物含量比咖啡、绿茶和红茶高出许多，可即刻舒缓饥饿和疲劳感，同时还能提振精神。咖啡叶茶中含有丰富的酚类化合物，如绿原酸，可以显著降低胆固醇，预防动脉硬化等疾病。另外，咖啡叶茶还含有较多的芒果苷，具有抗炎、抗糖尿病、抗高脂血症、抗氧化、抗微生物和保护神经等作用（练珊珊等，2021）。

图 3-78　咖啡叶茶（黄家雄　供图）

四、咖啡渣及其利用

图 3-79　咖啡渣（李亚祺　供图）

咖啡在制备过程中会产生大量的咖啡渣（图 3-79），约占咖啡豆质量的 2/3（陈祎平等，2005）。过去，国内外大部分咖啡渣都是作为废物丢弃或者烧掉，不仅造成了资源浪费，而且对环境产生了污染。近年来人们对咖啡渣深入研究，咖啡渣的应用范围不断扩大，在工业、养殖业、种植业、纺织业和其他行业的应用中展现了其优异的性能。

1. 咖啡酒

海南大学食品学院采用咖啡渣作为原料，开发出了既具有纯正咖啡香，又具有协调的发酵香，风味、口感宜人的低度发酵型咖啡酒。

2. 鞋类产品

咖啡渣可制作环保材质的鞋履产品，咖啡渣产生的微小孔隙可以捕捉异味，并使鞋子的外层快速干燥，比一般的功能性聚酯快 200%。近年来，阿迪达斯、锐步和彪马等大型企业致力于推出咖啡渣制作的环保材质鞋履产品，也有许多小众企业使用咖啡渣制作鞋类产品。比如，德国小众高端鞋履品牌 nat-2 推出了一款由回收咖啡和回收塑料瓶为原料制作的奢侈品球鞋 Coffee 系列。芬兰公司 Ren Origina 研制出一款由回收咖啡渣制成的防水运动鞋。驰绿团队开发了新一代 XPRESOLE 环保再生咖啡渣材料，用作鞋面、鞋垫等材料，这种鞋的重量是普通鞋的 1/3。此外，这种鞋面具有强大的防水、防脏属性，易于清洁，具有良好的透气舒适性（田玉晶等，2022）。

3. 面料与服饰

我国台湾一家纺织公司 Singtex 研究出了一种名为 S.cafe 咖啡纱的环保有机棉代替材料，从 2014 年开始咖啡纱就成为维秘的常用原料，这种高科技环保面料具有快干、防紫外线等特性。同时，咖啡渣经过超高温煅烧后可以变身咖啡碳纤维，做出的贴身衣物比一般聚酯纤维升温效果好，手感滑糯、悬垂性好、色泽柔和，更具有优良的蓄热保暖、除臭、吸湿透气、抑菌、防紫外线等多重功效。穿上咖啡碳纤维服饰不仅可以享受咖啡带来的自然、温暖的舒心感，还能够有清爽舒适的触觉（陈福民，2015；王琳等，2016；杜宇君，2020）。

4. 眼镜框

利用咖啡渣可制成眼镜框，闻起来带有淡淡的咖啡香，其结构坚固轻盈，而且可完全降解（王晨，2022）。

5. 手表壳

由 Kafeeform 联合柏林手表制造商 Lilienthal Berlin 设计的 Cofee Watch 腕表，手表壳就是由咖啡渣合成材料制成的，不仅凸显产品价值，同时也展现了咖啡渣合成材料的高附加值属性（田玉晶等，2022）。

6. 咖啡杯

用咖啡渣做成的杯子质轻且坚固耐用，兼具环保、美观、易清洗等优势。此外，还具有食品级的安全性和生物可降解性，可以进行碳中性处理。

7. 咖啡渣家具

将回收后的咖啡渣与其他环保材料混合，制作成低碳环保的板材，能运用在多种家具设计上，如咖啡渣桌、咖啡渣椅、咖啡渣置物架、咖啡渣灯具、咖啡渣音响等（杜宇君等，2020）。

8. 汽车零部件

福特汽车公司牵手麦当劳，用咖啡渣制造汽车零部件，包括车灯外壳、引擎盖下的一些零部件等。这种零部件较当前零部件重量轻约 20%，并且在模制过程中所需的能源减少约 25%。使用咖啡渣制成的零部件，不仅能够充分利用资源，还将为汽车制造行业带来新材料，能减少汽车耗油量和二氧化碳的排放量（杜宇君等，2020）。

9. 生物燃料

咖啡渣中生物油含量丰富，可以用来提炼生物燃料。英国科技企业 Bio-bean 与能源企业 Argent Energy 集团进行合作，成功研制出以咖啡渣为原料的生物燃料，可供公交车使用（李应齐，2017）。咖啡中抗氧化剂含量很高，因此，产生的咖啡基燃料比传统生物柴油更稳定。用它做汽车燃油，不仅能减少 10%～15% 的二氧化碳排放量，转化后留下的固体还可以转化为乙醇或用作堆肥。

五、咖啡壳及其利用

图 3-80　咖啡壳（娄予强　供图）

咖啡壳（图 3-80）（羊皮纸）是咖啡生产环节的副产品，通常被用作燃料、肥料等。

1. 燃料

咖啡壳热值高，每千克为 35 千卡，是一种很好的燃料（黄循精，1987）。在卢旺达，当地的砖厂用咖啡壳作为替代燃料。

2. 肥料

咖啡壳可用作有机肥料，小粒种咖啡壳含氮 1.93%～2.20%、磷 0.38%～

0.42%、钾 2.58%～2.70%；中粒种咖啡壳含氮 1.66%～1.72%、磷 0.42%～0.50%、钾 2.46%～2.85%。咖啡壳还可以与农家肥混合施用（黄循精，1987）。

3. 硬质纤维板和刨花板原料

印度咖啡研究所开展过利用咖啡种壳、果肉和内果皮制造硬质纤维板和刨花板的可能性研究。研究结果表明，利用咖啡种壳、果肉和内果皮与动物胶混合生产硬质纤维板和刨花板是可行的（黄循精，1987）。

4. 食用菌培养基

咖啡壳含有丰富的有机营养物质和矿质养分，咖啡壳纤维成分中的木质化程度高于稻草。同时，从咖啡壳的营养组成和质地看，咖啡壳适合多种微生物的生长，如与其他传统食用菌生产原料棉籽壳、木屑等原料混合搭配可以为食用菌菌丝提供稳定而丰富的碳、氮源，完全可以满足食用菌生长发育的需要（张传利等，2015）。在白参菌的栽培料中添加一定量的咖啡壳进行栽培试验以及利用咖啡壳作为彩云菇和姬松茸栽培的主料在咖啡园进行的复合栽培试验，均取得了成功（张传利等，2010；张传利等，2014），为咖啡副产品的综合利用开辟了一种新途径。

六、咖啡银皮及其利用

银皮是介于咖啡豆壳与豆之间的一层很薄的薄膜，由于颜色富有光泽且泛银色，人们习惯称之为"银皮"。银皮中含有咖啡因，有刺激中枢神经、促进肝糖原分解、升高血糖的功能，适量饮用可使人暂时精力旺盛，运动后饮用，有消除疲劳、恢复体力、振奋精神之效，焙炒的银皮还有助消化的功效。研究分析认为，银皮的膳食纤维比燕麦还高，有促进乳酸菌生长的效果，且有高抗氧化能力，经过动物试验也发现，银皮保健产品可以有效调节体脂肪、促进肠道菌生长（韩凯宁等，2017；李雄等，2018），我国台湾屏东就曾以此为原料开发保健食品，这是咖啡产业附加值的又一体现。此外，咖啡银皮可制作生物塑料，用于汽车前照灯外壳的生产，采用这种复合材料制成的汽车零部件可减重 20%，并节约 25% 的能源消耗。

七、咖啡果胶及其利用

咖啡果胶是一种大分子多糖，由糖、酶、原果胶质和果胶质等物质组成，主要成分为半乳糖醛和甲醇。从生物学的角度分析，咖啡果皮中果胶的水解物对食品的腐败细菌起到良好的预防作用，可以作为天然的防腐剂（李晓娇等，2020；林珊等，2021）。将咖啡果胶作为天然化妆品原料，实现变废为宝。另外，咖啡果胶与茶叶渣、核桃皮一起制成的包装板，可用来包装茶叶。

八、咖啡废水及其利用

咖啡鲜果加工废水来自咖啡鲜果清洗水、脱皮脱胶用水、发酵用水和二次清洗水，废水主要含果皮、果肉、植物蛋白及糖分，可降解有机污染物浓度较高，可用来灌溉咖啡苗床。咖啡废水也可作为培养微生物的生长基质，培养的微生物可用作牲畜的蛋白质饲料（潘家宝等，2021）。另外，咖啡废水还可以发酵制备咖啡果醋，具有促进身体的新陈代谢、调节酸碱平衡、消除疲劳、降低胆固醇、美容护肤、延缓衰老等多种功效（Ananda，1987）。

参考文献

陈福民，2015. 内衣中的化学 [J]. 化工管理（31）：70-74.

陈祎平，林昭华，梁振益，2005. 咖啡渣油脂的提取及其脂肪酸组成研究 [J].

食品科技（12）：84-86.

杜宇君，2020.咖啡渣"出圈"[J].纺织科学研究（3）：72-75.

高愿军，杨红霞，张世涛，2012.饮料加工技术[M].北京：中国科学技术出版社.

郭芬，2014.咖啡深加工[M].昆明：云南大学出版社.

韩凯宁，董士远，姚烨，等，2017.美拉德反应产物对肠道微生物影响的研究进展[J].食品科学，38（9）：265-270.

黄循精，1987.咖啡副产品的化学成分与综合利用[J].热带作物研究（4）：68-70.

咖啡精品生活，2019.3分钟爱上咖啡[M].南京：江苏凤凰科学技术出版社.

匡钰，梁建平，廖留萍，等，2020.咖啡果酒发酵菌种筛选及香气成分分析[J].热带农业科技，43（2）：12-17，23.

李从发，陈文学，2007.热带农产品加工学[M].海口：海南出版社.

李晓娇，付文相，杨丽华，等，2020.云南小粒咖啡果皮中果胶的提取及其水解物抑菌活性研究[J].食品工业科技，41（11）：79-84，110.

李雄，胡荣锁，张海德，等，2018.咖啡果皮可溶性膳食纤维的制备及其表征[J].食品工业科技，39（11）：39-44，50.

李应齐，2017.英国用咖啡渣作巴士燃料[N].人民日报（22）.

练珊珊，姚思迁，汪艳霞，等，2021.高效液相色谱法测定不同杀青工艺咖啡叶茶的主要功能成分[J].特产研究，43（1）：58-63，72.

林珊，刘丽，严亮，等，2021.云南小粒咖啡果皮中果胶的提取及其水解物抑菌活性分析[J].食品界（1）：100-101.

龙宇宙，2007.热带特色香辛饮料作物农产品加工与利用[M].海口：海南出版社.

潘家宝，存洁，罗兆杰，等，2021.关于咖啡初加工废水处理工程的应用[J].低碳世界，11（5）：32-33.

沈晓静，黄璐璐，聂凡秋，等，2022.云南小粒咖啡花多糖提取工艺优化及其抗氧化活性分析[J].食品工业科技，43（4）：238-245.

石磊，2014．咖啡加工副产物在牲畜饲料中的应用 [J]．中国畜牧兽医文摘，30（9）：195-196．

田玉晶，何心悦，郑嗣铣，等，2022．基于咖啡渣合成材料的再生设计应用研究：以包袋设计为例 [J]．北京皮革，47（11）：52-57．

王晨，2022．可持续性包装案例分析及设计启示 [J]．青春岁月（4）：68-70．

王丹丹，董文江，赵建平，等，2019．剪切乳化辅助酶法提取咖啡果皮可溶性膳食纤维 [J]．热带作物学报，40（3）：567-575．

王琳，陈莉娜，曹秋玲，2016．咖啡炭长丝的物理性能测试 [J]．印染助剂，33（2）：58-60．

王彦兵，王晓媛，肖兵，等，2020．小粒咖啡果皮总黄酮提取工艺优化及其体外抗氧化活性分析 [J]．南方农业学报，51（2）：385-393．

文志华，黄家雄，何红艳，2011．咖啡加工技术 [M]．昆明：云南科技出版社．

佚名，2014．云南省食品安全地方标准 DBS 53/021—2014 速溶咖啡 [S]．昆明：云南省卫生和计划生育委员会．

尹雄，李泽林，付晓萍，等，2019．云南小粒咖啡果皮粉发酵酸奶的研制 [J]．保鲜与加工，19（3）：104-110．

《预包装食品及食品添加剂标签标示指南》编委会，2016．预包装食品及食品添加剂标签标示指南 [M]．南宁：广西科学技术出版社．

张传利，杜华波，杨发军，等，2014．咖啡与草腐型食用菌复合高效周年栽培模式研究 [J]．热带农业科技，37（2）：7-10，31．

张传利，桂雪梅，王喜，等，2015．咖啡壳生产"虎奶菇"菌种研究 [J]．北方园艺（7）：128-131．

张传利，杨发军，桂雪梅，等，2010．普洱地区白参菌栽培试验 [J]．热带农业科技，33（2）：19-22．

赵青云，普浩杰，王秋晶，等，2020．咖啡果皮不同堆沤处理养分含量及其对咖啡植株生长的影响 [J]．热带作物学报，41（4）：633-639．

Ananda R P，1987．咖啡浆果的副产品及其合理利用 [J]．李爱英，译．热带作物译丛（6）：29-31．

第四章

咖啡营养价值

第一节　咖啡营养成分

每 100 克咖啡豆中约含水分 2.2 克、蛋白质 12.6 克、脂肪 16 克、糖类 46.7 克、纤维素 9 克、灰分 4.2 克、钙 120 毫克、磷 170 毫克、铁 42 毫克、钠 3 毫克、维生素 B 0.12 克、烟酸 3.5 毫克、咖啡因 1.3 克、单宁 8 克。而每 100 克咖啡浸出液含水分 99.5 克、蛋白质 0.2 克、脂肪 0.1 克、灰分 0.1 克、糖类微量、钙 3 毫克、磷 4 毫克、钠 2 毫克、维生素 B 0.01 毫克、烟酸 0.3 毫克。把 10 克咖啡溶于热水中，咖啡因含量为 0.04 克，单宁含量为 0.06 克（张海玲等，2016）。

第二节　咖啡功能成分

咖啡味微苦，涩，性平，醒神，利尿，健胃，主治精神倦怠和食欲不振。咖啡的这些功效与其化学成分的活性是密切相关的。

一、生物碱类化合物

生物碱成分主要是咖啡碱（caffeine），可可豆碱（theobromine）、茶碱

（theophylline）、葫芦巴碱（trigonelline）和烟酸（nicotinic acid）。生物碱类化合物对帕金森病、抑郁、焦虑、惊厥、癫痫等中枢神经系统病症均有治疗和神经保护的作用（邢志恒等，2018）。

1. 咖啡碱（caffeine）

咖啡碱，又名咖啡因，化学分子式为 $C_8H_{10}N_4O_2$，分子结构见图4-1。

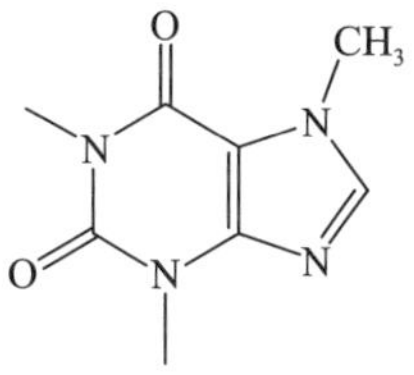

咖啡因是咖啡果实中的主要生物碱成分，是咖啡苦味的来源，广泛存在于茶叶、可可和咖啡中，是应用较为广泛的精神类药物之一（邱明华等，2014）。

图 4-1 咖啡因分子结构

小粒种豆咖啡因的含量为 0.8%～1.4%，中粒种豆为 1.7%～4.0%（冷小京等，2014）。

咖啡因具有很强的中枢兴奋作用，摄入咖啡因可以睡意消失、疲劳减轻、思维敏捷。咖啡因、茶碱等甲基黄嘌呤类化合物对循环系统有明显的促进作用，过量则会引起心动过速并致心律失常；对脑血管有收缩作用，可造成脑血管阻力上升，使脑血流量和脑氧张力下降；还具有舒张各种平滑肌，尤其对气管平滑肌的舒张作用，在医药上可作麻醉剂、兴奋剂、利尿剂和强心剂（邱明华等，2014）。

2. 葫芦巴碱（trigonelline）

葫芦巴碱是一种吡啶衍生物，化学分子式为 $C_7H_7NO_2$，分子结构见图4-2。咖啡中葫芦巴碱的含量与咖啡品种、生长环境和加工工艺有关（刘宏程等，2011）。

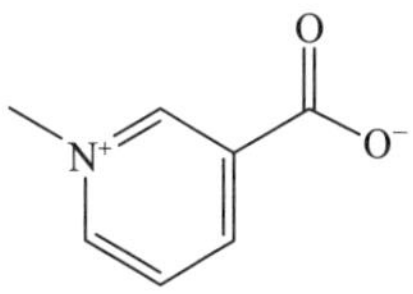

图 4-2 葫芦巴碱分子结构

葫芦巴碱在咖啡豆中的含量约为 1%，具有降血糖、抗氧化、抗炎、神经保护和抗肿瘤等作用（刘宏程等，2011）。葫芦巴碱对结肠炎的心脏组织具有潜在的治疗作用；也具有神经保护作用，是治疗神经退行性疾病的良好药物；可对高胆固醇和高脂饮食引起的肝脏脂质积累和脂肪毒性起到防治作用；可抑制胆碱的肠道微生物代谢及其相关心血管疾病风险（沈晓静等，2021）。

3. 烟酸（nicotinic acid）

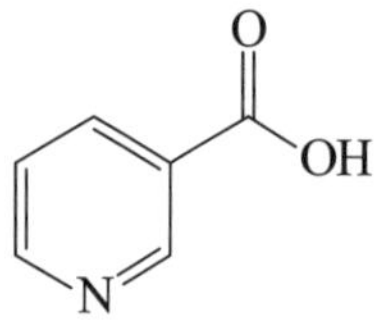

图 4-3　烟酸分子结构

烟酸，化学分子式为 $C_6H_5NO_2$，分子结构见图 4-3，又称之为烟碱酸，尼古丁酸，维生素 B_3，维生素 PP。烟酸是人体必需的 13 种维生素之一。

烟酸最重要的营养学效果即抑制胆固醇的合成，降低血液胆固醇浓度以及降低血液中血脂浓度。烟酸还可以作为葡萄糖耐量因子的组分，可以在体内随时促进胰岛素的调节。在饭后血糖升高或者饭前血糖不足时可双效调节（阳军，2007）。此外，还具有改善血管内皮凝血功能的作用。据报道，适量的烟酸或者烟酰胺作用于皮肤能够减缓皮肤衰老速度（姚春燕等，2014）。

二、酚酸类化合物

果实中的这些酚类物质及咖啡衍生物含量丰富，是咖啡风味的来源和功能功效的活性成分（邱明华等，2014）。

1. 绿原酸（chlorogenic acid）

绿原酸，化学分子式为 $C_{16}H_{18}O_9$，分子结构见图 4-4，是咖啡主要的酚酸类化合物（phenolic acid）。咖啡生豆中的绿原酸共可形成 9 种同分异构体，其中 5- 咖啡酰奎尼酸含量较高。

绿原酸具有多种药理作用，如清除自由基、抗氧化、抑菌、抗病毒、抗癌、抗肿瘤、降糖及消脂等（邱明华等，2014；邱碧丽等，2018），已被科学界所证实。绿原酸可以显著降低胆固醇、甘油三酯、低密度脂蛋白，而明显增加高密度脂蛋白，是咖啡中可靠的降脂活性成分（邱明华等，2014）。绿原酸可通过提高葡萄糖的代谢能力和胰岛素的敏感度使得咖啡具有治疗机体代谢综合征（Farah et al.，2006）和抑制体重等功效（虞健，2014）。

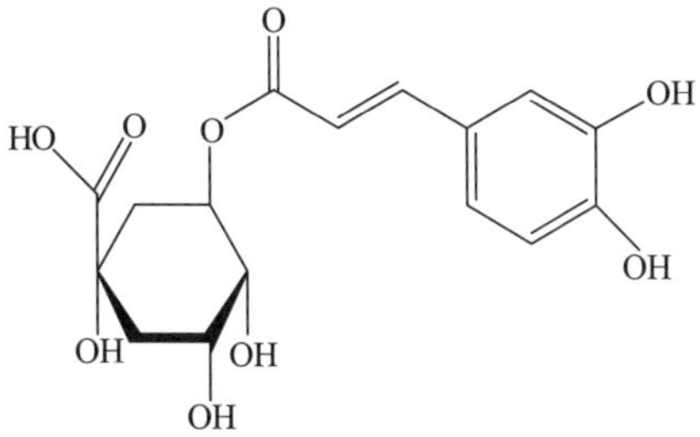

图 4-4　绿原酸分子结构

2. 咖啡酸（caffeic acid）

咖啡酸，化学分子式为 $C_9H_8O_4$，分子结构见图 4-5，是一种具有高生物活性的多酚类物质。咖啡酸具有升高白细胞、血小板以及抗氧化、抗炎等多种药理活性（Mudgal et al.，2019）。咖啡酸可以清除炎症反应发生时中性粒细胞和巨噬细胞释放出的氧自由基，显著改善白细胞减少症、氧化应激和炎症（王震等，2020）。

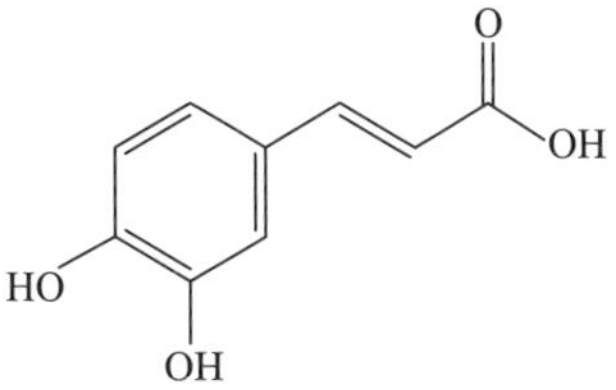

图 4-5　咖啡酸分子结构

3. 阿魏酸（ferulic acid）

阿魏酸，化学分子式为 $C_{10}H_{10}O_4$，分子结构见图 4-6。阿魏酸具有广泛的生物学特性，如降血脂、抗氧化、抗疲劳、延缓衰老的功效（李修刚等，2020）。

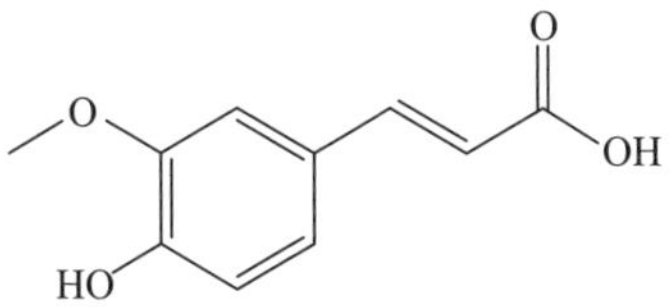

图 4-6　阿魏酸分子结构

4. 柠檬酸（citric acid）

柠檬酸，化学分子式为 $C_6H_8O_7$，分子结构见图 4-7。柠檬酸的多少可以用来判断生豆是否新鲜。随着咖啡鲜果成熟度上升，柠檬酸含量将会减少并

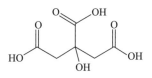

图4-7　柠檬酸分子结构

转化为更多的糖分。在烘焙时，柠檬酸在浅烘焙中达到峰值，随着烘焙进行到后期不断遭到分解破坏。柠檬酸属于果酸的一种，主要作用是加快角质更新，常应用于乳液、乳霜、洗发精、蛋白用品、抗老化用品、治疗青春痘用品的生产等（林淋，2012）。

5. 苹果酸（malic acid）

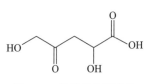

图4-8　苹果酸分子结构

苹果酸，化学分子式为 $C_4H_6O_5$，分子结构见图4-8。咖啡生豆的苹果酸浓度低于柠檬酸，经过烘焙后浓度降到只占生豆重的 0.1%～0.4%。苹果酸可直接参与人体代谢，生理代谢上有利于氨基酸吸收、不积累脂肪，被人体直接吸收，实现短时间内向肌体提供能量，具有抗疲劳、促进羧酸盐的代谢、促进线粒体呼吸、改善记忆能力、增强钙的活性、降低抗癌药物毒副作用等生理功能（侯红萍，2016）。

参考文献

侯红萍，2016. 发酵食品工艺学 [M]. 北京：中国农业大学出版社.

冷小京，翟晓娜，杨凯舟，等，2014. 关于云南卡蒂姆咖啡豆抗氧化活性的特性研究 [C]// 中国科学技术协会，云南省人民政府. 第十六届中国科协年会：分17精品咖啡豆认证与公平交易及庄园标准化国际论坛论文集：10.

李修刚，张玲钰，2020. 阿魏酸的合成与应用研究进展 [J]. 山东化工，49（17）：81-82.

林淋，2012. 你身边的特种部队 谈真菌与人类 [M]. 上海：上海科学普及出版社.

刘宏程，黎其万，邵金良，等，2011. 超声波萃取－高效液相色谱测定咖啡粉和速溶咖啡中的葫芦巴碱 [J]. 色谱，29（11）：1103-1106.

潘清平，2016．实用临床中药手册 [M]．长沙：湖南科学技术出版社．

邱碧丽，代丽玲，刘超，等，2018．HPLC 法同时测定云南小粒咖啡中 4 种成分的含量 [J]．安徽农业科学，46（34）：173-175．

邱明华，张枝润，李忠荣，等，2014．咖啡化学成分与健康 [J]．植物科学学报，32（5）：540-550．

沈晓静，字成庭，辉绍良，等，2021．咖啡化学成分及其生物活性研究进展 [J]．热带亚热带植物学报，29（1）：112-122．

王震，李霞，元英进，2020．微生物异源合成咖啡酸及其酯类衍生物研究进展 [J]．中国生物工程杂志，40（7）：91-99．

邢志恒，何忠梅，祝洪艳，等，2018．生物碱类化合物对中枢神经系统影响的研究进展 [J]．上海中医药杂志，52（6）：95-98．

阳军，2007．烟酸对脂肪细胞功能和动脉粥样硬化的影响及其机制 [D]．长沙：中南大学．

姚春燕，李彩均，2014．高效液相色谱法测定化妆品中烟酸、烟酰胺含量 [J]．科技资讯（4）：2．

虞健，2014．不同烘焙程度咖啡感官特征及主要化学成分分析 [D]．无锡：江南大学．

张海玲，易红燕，王高社，2016．酒水知识与调酒技能 [M]．长沙：湖南师范大学出版社．

FARAH A, MONTEIRO M C, CA LADO V, et al., 2006. Correlation between cup quality and chemical attributes of Brazilian coffee[J]. Food Chemistry, 98(2): 373-380.

MUDGAL J, MALLIK S B, NAMPOOTHIRI M, et al., 2019. Effect of coffee constituents, caffeine and caffeic acid on anxiety and lipopolysaccharide induced sickness behavior in mice[J]. Journal of Functional Foods, 64: 103638.

咖啡品鉴

第五章

第一节 咖啡烘焙

咖啡令人着迷的芬芳来自烘焙，若非咖啡豆与热源的亲密接触，很难想象如何获得一杯独具风味、挑动神经、征服世界的饮品。

一、咖啡烘焙的概念

咖啡烘焙是指利用特定的设备（烘焙机），对生豆进行加热，促使咖啡豆内外部发生一系列物理和化学反应，并在此过程中生成咖啡的酸、苦、甘等多种味道，将咖啡豆由生变熟的过程。烘焙的过程中，温度高达两百多度，高温彻底改变了生豆内部的物质及组织结构，高温的分解及重组产生了新的化合物，最终形成咖啡的特殊香气和风味。

烘豆的目的在于优化咖啡里可溶性化合物的风味，溶解的物质组成了口中尝到的咖啡冲煮味道，挥发性芳香物及油脂的溶解则是鼻中嗅到的香气，溶解的油脂、悬浮颗粒及其他物质成分，则构成了咖啡的醇度（Lingle，1996）。咖啡风味的呈现，80%取决于烘焙过程的控制，烘焙师都希望自己的烘焙能使咖啡豆在研磨冲泡时最大程度地展示和散发出美妙的香气和风味。

二、烘焙设备

咖啡烘焙机根据用途可以分为商用烘焙机和家用烘焙机。根据热源的不同有液化气、天然气、电力、炭火、红外线等。不管是商用还是家用烘焙机，按制造原理及加热方式不同主要分为直火式、半热风式、热风式（田口护，2009）。3种类型的烘焙机各具优缺点，市面上使用较多的是半热风式和热风式。

（一）直火式烘焙机

直火式烘焙机的锅炉表面有孔洞设计，火焰能直接接触到咖啡豆表面。在烘焙的过程中热能容易从孔洞中流失，造成热力不足的现象，豆表直接接触到火焰，加大火力又容易把豆表烤焦，因此对烘焙师的技术要求较高。直火式烘焙机也有其优势，如设备构造简单，不易发生故障；预热的时间较短；豆子直接接触火焰，豆表容易着色，味道和香气容易产生，操控得当能较好地表现出咖啡豆的产地风味等。

（二）半热风式烘焙机

半热风式烘焙机（图5-1）的滚筒是以铁板或陶瓷包裹覆盖，热源在滚筒下方，咖啡豆不能直接接触到火焰，是目前使用较多的一类，操作安全性高、稳定，烘焙出的咖啡平衡感好，稳定的热源利于豆子均匀受热。半热风式烘焙机可以通过操

图5-1　半热风式烘焙机（娄予强　摄）

控火力和风门大小来调整锅炉内热量，为咖啡烘焙提供稳定的火力，不容易受环境的影响，豆子膨胀均匀，能更好地展示咖啡的不同风味。

（三）热风式烘焙机

热风式烘焙机需另开燃烧室，热源不直接接触滚筒，利用鼓风机将吸入的空气加热后送入滚筒，用气流的力量使豆子大多在滚筒中呈浮悬状态，受热较均匀，用时短、效率高。但由于烘焙的过程太快，容易导致香气风味发展不足。

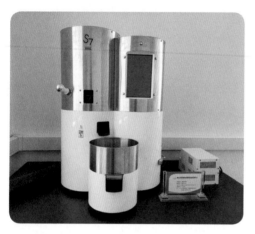

图 5-2　全热风式烘焙机（刘超　供图）

3 种类型的烘焙机各有所长，无法简单地比较哪一种更好。选购时往往需要将目的及用途、个人喜好、操作习惯等作为参考，因为无论选择哪种类型的烘焙机，烘焙者都需要反复操作练习才能掌握烘焙机的各项性能，找出适合自己风格的烘焙方式。全热风式烘焙机见图 5-2。

三、烘焙过程的变化

咖啡在烘焙的过程中，发生了一系列的物理和化学反应，最终形成丰富的风味物质产生香气，因此烘焙的过程是影响风味品质形成的关键环节。

（一）物理变化

咖啡豆在烘焙过程中随着烘焙度的加深（图 5-3），水分会减少，体积会变大，颜色会加深，质地会变脆，烘焙结束时，咖啡豆由于水分挥发，重量会降低 20% 左右。

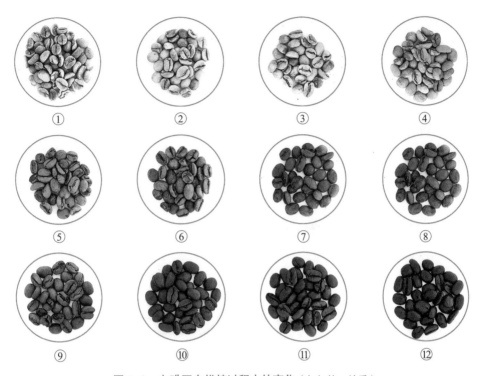

图 5-3　咖啡豆在烘焙过程中的变化（何红艳　供图）

（二）化学变化

咖啡烘焙的过程中，热量的传递致使咖啡内部发生复杂的化学变化。通过实验室都难以复制的热分解和聚合反应，产生近千种化学物质，最终形成特殊的香气和风味。

1. 焦糖化反应

糖类在加热到熔点以上时，发生脱水和降解，从而发生褐变反应。糖在高温的情况下生成两类物质：一类是糖的脱水产物，即焦糖或酱色（caramel）；另一类是裂解产物，即一些挥发性的醛、酮类物质，它们进一步缩合、聚合，最终形成深色物质。焦糖香气是咖啡爱好者们所喜爱的香气之一。

咖啡烘焙的焦糖化反应在 160℃左右，随着烘焙温度的升高，咖啡的甜感

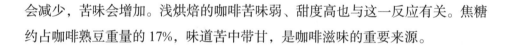

会减少，苦味会增加。浅烘焙的咖啡苦味弱、甜度高也与这一反应有关。焦糖约占咖啡熟豆重量的 17%，味道苦中带甘，是咖啡滋味的重要来源。

2. 美拉德反应

美拉德（Maillard）反应又称为羰氨反应，是广泛存在于食品工业中的非酶促褐变，是羰基化合物（还原糖类）和氨基化合物（氨基酸和蛋白质）间的反应，通过缩合、聚合等复杂的反应最终生成棕黑色的大分子物质类黑精（鲍晓华等，2020）。

美拉德反应并非单一的化学反应，是一个非常复杂的过程，该反应在咖啡烘焙整个过程中都在持续发生，咖啡豆中令人愉悦的挥发性香气几乎都是这一反应产生的，反应温度与时间变化会对最终风味产生较大的影响。

3. 斯特雷克尔降解反应

斯特雷克尔降解反应是一个依赖美拉德反应的过程，氨基酸与羰基化合物反应后生成醛类和酮类化合物（陈荣，2020）。

烘焙咖啡豆中含有挥发性和非挥发性化合物，通常来讲，香气来源于挥发性化合物，风味来源于非挥发性化合物。

四、烘焙的主要阶段

烘焙的过程大致可分为 4 个阶段：脱水阶段、聚温阶段、高温分解阶段、冷却阶段。可根据豆子形状、外观、香气、色泽等判断咖啡豆所处的阶段。

1. 脱水阶段

咖啡烘焙初期，生豆开始吸热，内部水分逐渐蒸发，咖啡豆的颜色由青色慢慢转为黄色或浅褐色，此时可闻到咖啡豆的清香味。这个阶段的主要作用是去除水分，经历的时间为 3～5 分钟。虽然在烘焙的整个过程，水分都在不断减少，但水分散失最多的就是在这个阶段。

2. 聚温阶段

脱水结束，豆色由绿变黄，豆体变软，香气开始呈现，此阶段需要持续升温，为下一阶段的焦糖化和美拉德反应创造良好的温度环境，如果温度不够，咖啡豆的热量不足，就会延长烘焙的总时间，因此排气阀不能开得过大，否则容易失温不利于化学反应的进行，会影响到烘焙的风味。

3. 高温分解阶段

当烘焙温度到160℃左右，咖啡豆中的糖分、氨基酸等开始发生反应，随着温度的不断升高，生豆内部由吸热转为放热，咖啡豆会因细胞壁被内部气体冲破而体积增大，伴随而来的就是出现"啪"的爆破声。这一阶段，咖啡豆的颜色由褐色转成深褐色。

4. 冷却阶段

冷却阶段是指烘焙至需要的色度，达到出锅要求后，咖啡豆离开滚筒进入冷却盘冷却。冷却的速度越快，咖啡的香味被"锁"住得越多。冷却除了可以锁住风味，还能终止咖啡豆内部的化学反应。常见的冷却方法有气冷和水冷两种，气冷是通过冷空气降温，操作时需要在出豆前启动盛豆托盘下方的风扇，该法是目前中小型烘焙机采用最广泛的冷却方式。水冷法是在咖啡豆的表面喷上一层水雾，让咖啡豆温度迅速下降。由于喷水的多寡很重要，需要精密的计算与控制，一般用于大型的商业烘焙（柯明川，2014）。

五、烘焙程度

烘焙过程中，咖啡豆随着烘焙时间的延长颜色也在不断加深，根据烘焙程度不同，初步分为浅度烘焙、中度烘焙、中深度烘焙和深度烘焙。不同烘焙度的咖啡风味呈现也不同，在前面 3 种烘焙度的区分下，又进一步将烘焙程度细分为：极浅烘焙、浅烘焙、中烘焙、中深烘焙、城市烘焙、全城市烘焙、法式烘焙、意式烘焙等 8 种烘焙度（鲍晓华等，2020）。普通大众接触最多的是浅度烘焙、中度烘焙、中深度烘焙和深度烘焙 4 种。

图 5-4　浅度烘焙的咖啡豆
（娄予强　摄）

（一）浅度烘焙

也称肉桂烘焙，咖啡研磨后呈浅棕色或浅褐色（图 5-4），豆子硬度高，酸味强，释放的芳香气体以低分子量化合物为主，突出水果、花的香甜，苦味相对较弱。

图 5-5　中度烘焙的咖啡豆
（娄予强　摄）

（二）中度烘焙

咖啡研磨后呈棕褐色（图 5-5），释放的芳香气体以中分子量化合物为主，酸质比浅度烘焙温和，有诱人的坚果香，香气醇度适中，酸苦甘平衡。

图 5-6　中深度烘焙的咖啡豆
（娄予强　摄）

（三）中深度烘焙

咖啡研磨后呈深褐色（图 5-6），释放的芳香气体以中分子量化合物为主，大分子量化合物开始出现，有焦糖的甜、巧克力的香，苦味变强、酸味变弱，甘苦平衡。

（四）深度烘焙

咖啡豆表呈黑色，表面泛油（图5-7），释放的香气以大分子量化合物为主，具有树脂、香辛料、焦炭等香气，略微烟熏味，苦味重，浓郁醇厚。

图5-7 深度烘焙的咖啡豆

（娄予强 摄）

第二节 咖啡研磨

一、研磨及其作用

烘焙好的咖啡豆在萃取前要进行研磨。咖啡研磨是指利用相应的工具或设备将烘焙好的咖啡豆粉碎成一定大小颗粒的过程，实质就是使咖啡豆表面积增大的过程。研磨的工艺加速了烘焙豆中CO_2气体和挥发性香气的释放，也提高了可溶性风味物质的溶出，最终影响成品的风味和口感（马静等，2013）。

如果将咖啡豆整粒丢到水中，能被萃取出来的物质很少，研磨就是为了让咖啡粉与水更好地融合。据研究，磨碎的咖啡豆，表面积会增加1 000倍左右，细胞壁接触水的面积变大，能加快可溶性物质释放到水里的速度。

二、研磨度

研磨度是指咖啡豆研磨成颗粒后总表面积的增加量与原咖啡豆表面积的比值。根据研磨颗粒的大小大致可分为细研磨、中研磨与粗研磨 3 种（Santos et al.，2008）。由细到粗不同研磨度的咖啡粉见图 5-8。

图 5-8　不同研磨度的咖啡粉（娄予强　摄）

1. 细研磨

研磨后颗粒直径小于 2 毫米，颗粒细，大小接近砂糖或盐。细研磨的咖啡适合在摩卡壶、意式咖啡机等冲煮设备上使用。详见图 5-8 研磨度 1 至研磨度 3。

2. 中研磨

研磨后颗粒直径在 2~3 毫米，颗粒大小接近砂糖与粗砂糖混合物。中度研磨的咖啡适合手冲或虹吸壶使用。详见图 5-8 研磨度 4 至研磨度 6。

3. 粗研磨

研磨后颗粒直径在 2~4 毫米，颗粒粗，与粗白糖大小接近，适合法压壶使用。详见图 5-8 研磨度 7 至研磨度 9。

咖啡的研磨是为冲煮做准备的，不同的研磨度会形成咖啡内含物溶出的风味物质种类和溶出速度的差异，进而影响咖啡的口感和风味。以上 3 种研磨度只是大致分类，具体研磨粗细要依据冲煮器具、萃取方法及个人喜好，结合磨豆机上的刻度进行调整。当无法确定哪种研磨度较好时，可直接用少量咖啡豆"试磨试喝"，根据颗粒的大小做适当调整。

第三节　咖啡冲煮

咖啡是一种饮料，一种生活方式，一种与人交往的文化，更是一种美学。有人说，人生如咖，品过才知风味，生命如豆，烘过才知深浅，深以为然。咖啡学中有一个著名的"4321"理论，即一杯咖啡的风味 40% 由咖啡生豆即咖啡品种、种植的海拔、土壤、自然气候条件及初加工处理方法决定，30% 由烘焙决定，20% 在于冲煮所使用的器材，而 10% 在于咖啡冲煮者的技术（咖啡精品生活，2019）。所以，咖啡从种子到杯子的每一个环节都决定了最后咖啡的出品，"粒粒皆辛苦"在咖啡上同样适用，珍惜你手中的每一杯咖啡吧，它真的来之不易！

一、咖啡冲煮基础知识

（一）咖啡萃取及原理

咖啡萃取是指从咖啡烘焙豆中提取有价值的咖啡风味物质，也就是用水将咖啡中的物质带出来。烘焙后的咖啡豆中，可被水溶解的物质占咖啡总重量的 30% 左右，意味着可以萃取 30% 的可溶性物质到水中，而其余不可溶的物质主要是咖啡豆的纤维。合适的萃取就是找到一个平衡点，避免过度萃取及萃取不足的情况发生（陈荣，2020）。

（二）萃取对咖啡风味的影响

用水萃取的物质对咖啡的风味和香气有直接的影响，咖啡萃取时的可溶性物质包括酸类物质（产生酸味或甜味）、咖啡因（苦味）、脂类物质（醇厚度）、类黑素（苦味）、糖／碳水化合物（甜味、苦味、醇厚度）。

咖啡中的物质并不是以相同的速率被提取出来的，首先萃取出酸味，然后是甜味，最后是苦味。萃取不足的咖啡酸味较明显，过度萃取则味道偏苦。一般可通过调整多个变量以制作不同口味的咖啡。

萃取率是咖啡粉在萃取过程中溶于水中的物质重量占使用咖啡粉的比例，用于衡量咖啡中有多少水溶性物质被溶解出来。精品咖啡协会 SCA 建议的最佳萃取率为 18%～22%。

萃取率对咖啡味道有影响，通常情况下，理想萃取率的甜感突出，酸甜平衡，余韵悠长；而萃取率过低，则咖啡味道偏淡，咖啡风味表现不足，甜度不足，酸感强烈，涩感明显、常常出现草本、谷物、木头等风味；萃取率过高时，咖啡味道偏浓，风味杂，容易出现令人不愉悦的风味，如橡胶、木头、干草等味道。

（三）萃取七要素

同样的咖啡，同样的器具，不同的人冲煮，咖啡风味也各不相同，这是为什么呢？影响咖啡萃取的七要素为咖啡与水的比例、研磨度、萃取时间、萃取水温、搅拌、水质、过滤介质。

1. 咖啡与水的比例

冲煮一杯优质的咖啡需要合适的水粉比。一般在相同水量情况下，咖啡粉用量增大，咖啡液浓度增加，咖啡更醇厚；咖啡粉用量减少，咖啡液浓度降低，咖啡口感偏淡。

2. 研磨度

研磨度的粗细影响萃取，咖啡粉研磨得越粗，咖啡粉间的间隙越大，水穿透咖啡粉时受到的阻力越小，水与咖啡粉接触的时间越短，萃取时间越短，咖啡萃取率越低，容易萃取不足，咖啡偏酸且有青草味；反之，萃取时间越长，咖啡萃取率越高，咖啡苦味增加，咖啡偏苦，口味尖锐。合适的研磨度是获得酸甜平衡的咖啡的条件之一。

3. 萃取时间

萃取时间会影响咖啡液中可溶性物质的含量，萃取时间越短，萃取出的可溶性物质越少，则咖啡口感单薄，偏酸；反之，萃取时间越长，可溶性物质较多，咖啡更醇厚，但苦味增强。

4. 萃取水温

用合适的水温来溶解咖啡粉中的风味物质，一般情况下水温越高，咖啡越苦，酸度越低；水温越低咖啡越酸，苦感越低。

5. 搅拌

适当的搅拌可以保持萃取的稳定，对不同的设备可以使用不同的搅拌方式，比如虹吸壶可以使用木质搅拌棒进行搅拌。手冲咖啡时，所注入的水流也起到了搅拌的作用，水流大小、注水快慢及注水高度等都会影响到萃取。

6. 水质

不同地域的水质不同，总硬度、碱度和 pH 值是评价咖啡冲煮用水特征的3 个主要指标。

咖啡萃取的水要求无异味，在家冲煮咖啡可使用农夫山泉或其他的桶装水。

7. 过滤介质

在咖啡冲泡中常见的过滤介质有金属滤网，如金属纱网、法兰绒滤布和不同材质的滤纸等。每种材料使咖啡产品呈现不同的风味特征，例如金属纱网可以增加不可溶物质和咖啡油脂的析出，滤纸能使咖啡的风味更纯净。法兰绒滤布能使咖啡口感更丰富，可以重复使用，但缺点是较难清洗，以及在长时间使用后可能在冲煮中产生异味。

（四）咖啡冲泡方式分类

咖啡冲泡主要分为压力式冲泡及非压力式冲泡两大类。压力式冲泡是指利用半自动或全自动咖啡机制作意式咖啡及花式咖啡。非压力式冲泡是指利用手冲滴滤壶、虹吸壶、法压壶、摩卡壶、挂耳包等制作咖啡，主要用于制作单品咖啡。

（五）拼配咖啡及单品咖啡

咖啡烘焙豆按照咖啡豆的来源和组成可分为拼配咖啡及单品咖啡。

1. 拼配咖啡

指两种或两种以上的单品咖啡豆（通常不会超过 5 种）科学拼配而成的咖啡豆组合。不同处理方式和不同烘焙度的单一产地同一品种咖啡豆拼配而成的也称为拼配咖啡豆。拼配的目的是弥补和修饰咖啡豆与生俱来的天然缺陷。

拼配咖啡豆可分为生豆拼配（生拼）和熟豆拼配（熟拼）两种。拼配的咖啡豆具有以下优点：一是拼配咖啡豆呈现的风味通常更加全面多样，可以满足不同用途的需求；二是可以保证咖啡豆品质的稳定；三是可以成为市场竞争的法宝，拼配配方可以成为核心竞争力；四是可以适当降低咖啡豆成本。

拼配原则：一是要为基础豆挑选一支或几支辅助豆，用来弥补基础豆的缺陷与不足，起到"补短板"的作用；二是要实现不同类型风味表现的共存，达到"锦上添花"的效果。

2. 单品咖啡

所谓单品咖啡，是指单一产地、单一品种、单一烘焙曲线、不加糖、不加奶的黑咖啡（精品咖啡生活，2019）。单品咖啡主要体现咖啡豆原本的风味特征。风味独特的高品质咖啡豆一般不会拿去做拼配使用。单品咖啡豆口感特别，或清新柔和，或香醇顺滑，但价格往往较高。不同的单品咖啡具有不同的特性和风味。常见的单品咖啡有蓝山咖啡、圣多斯咖啡、哥伦比亚咖啡、曼特宁咖啡和康娜咖啡（王建英，2020）。不同品种、不同加工处理带来的咖啡风味不同。

不同品种：铁皮卡平衡、温和、柔顺；波旁有莓果酸香、奶油的醇厚度；SL28/SL34 具有浓郁莓果、酸甜可口的风味；瑰夏可以品尝出柑橘、花香、蜜味；云咖 1 号，白色花香、柑橘、焦糖、平衡；云咖 2 号，莓果、焦糖、果汁感。

不同加工处理方式：日晒处理具有热带水果的风味、口感厚实；水洗处理法具有干净口感、明亮酸质的特点；蜜处理的咖啡蜜甜香、口感饱满；湿刨法的咖啡低酸闷香，口感顺滑。

（六）精品咖啡

1. 定义

所谓精品咖啡（Specialty Coffee），是指高品质的咖啡，也叫作"特种咖啡""精选咖啡"，需要绝对的高品质与出众的口感，是由在少数极为理想的地理环境下生长的具有优异风味特点的生豆制作的咖啡（黄梅，2019）。

2. 特点

无瑕疵的优质咖啡豆，有出众的风味，口感极佳。

优良的咖啡品种，如瑰夏、波旁、铁皮卡，咖啡豆具有独特的香气及风味。

对生长环境有较高的要求，一般生长在海拔 1 000 米以上的地方，具备适宜的降水、日照、气温及土壤条件。

精品咖啡是人工精细采收。采摘完全成熟的咖啡果，避免采摘到不成熟的咖啡果影响咖啡风味的均衡性和稳定性。

精品咖啡经过更为严格的分级挑选，无瑕疵豆。

精品咖啡制作通常采用手工冲泡方式。手工冲泡方式可以充分展现咖啡豆的风味。

（七）评价标准

通过对咖啡的湿香、咖啡的风味以及醇厚度对咖啡进行综合打分评价。

1. 湿香

通过闻湿香判定咖啡给人的是愉悦的花香、柑橘、莓果，还是令人不悦的干木头、橡胶等气味。

2. 风味

风味是指咖啡中甜、咸、酸、苦的味道，咖啡的香气及咖啡给人的触感的综合体验，如埃塞俄比亚的咖啡豆常常具有柑橘的风味，肯尼亚咖啡有莓果味，云南咖啡有坚果、可可、糖类的风味。

3. 醇厚度

醇厚度是指咖啡给人舌头的重量感及触感。醇厚度受萃取率及浓度的影响，如顺滑、粗糙、果汁、茶感等。

二、意式浓缩咖啡及美式咖啡、花式咖啡制作

（一）意式浓缩咖啡

1. 意式浓缩咖啡（espresso）概述

意式浓缩咖啡是一种 92～96℃的高压水流通过研磨很细且压紧实的咖啡粉制作而成的饮料。意式浓缩咖啡能感受到酸、香、苦、甘、醇且整体较为平衡，有一层细腻的油脂。

意式浓缩咖啡起源于意大利，从 20 世纪 80 年代开始在全球范围内流行。意式浓缩咖啡是很多花式咖啡的基底，被称为是花式咖啡的灵魂，常被用于制作美式咖啡、拿铁咖啡、卡布奇诺、摩卡咖啡等。

2.意式浓缩咖啡萃取技术参数国际标准（SCA）（表5-1）

表5-1　意式浓缩咖啡萃取技术参数国际标准（SCA）

萃取参数	标准值
咖啡粉用量	单份7~9克，双份14~18克
填压力度	相当于13~20千克物体的重力
气压	0.8~1.5巴
水压	（9±1）巴
水温	92~96℃
萃取量	（30±5）毫升
萃取时间	20~30秒

意式咖啡机见图5-9。

图5-9　意式咖啡机（娄予强　摄）

3.意式浓缩咖啡制作

用半自动咖啡机制作意式特浓咖啡的流程：检查设备→温杯（温杯区或热水5秒温杯）→取下手柄→清洁粉碗→排水清洁冲泡头→调节磨豆机研磨度并研磨咖啡粉→填粉→布粉→压粉→清洁手柄外残粉→排水降温（排水5秒左右，降低冲泡咖啡的水温）→安装手柄并立即萃取→完成萃取（20~30秒完成20~30毫升咖啡的萃取）→清洁手柄。详见图5-10。

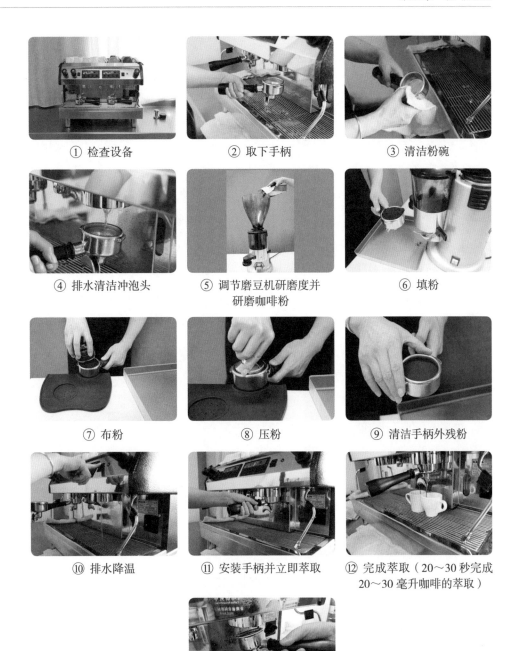

① 检查设备　　　② 取下手柄　　　③ 清洁粉碗

④ 排水清洁冲泡头　　⑤ 调节磨豆机研磨度并研磨咖啡粉　　⑥ 填粉

⑦ 布粉　　　⑧ 压粉　　　⑨ 清洁手柄外残粉

⑩ 排水降温　　⑪ 安装手柄并立即萃取　　⑫ 完成萃取（20～30秒完成20～30毫升咖啡的萃取）

⑬ 清洁手柄

图 5-10　意式特浓咖啡制作流程（娄予强　摄）

4.意式浓缩咖啡感官描述方法

（1）香气

水果、焦糖、黑糖、香草、可可、坚果等优质香气；稻草、泥土、烟草、陈木头等不愉悦的香气。

（2）风味

焦糖味、坚果味、巧克力味、可可味、杏仁味等。

酸味：有令人愉悦的清新、明亮、活泼如苹果酸；不愉悦的暗淡、刺激、尖锐的酸，类似醋酸和磷酸。

（3）甜味和苦味

首先品尝咖啡的甜苦是否平衡，然后分别感受甜味和苦味，如焦糖的甜、西柚的苦。

（4）口感（余韵、醇厚度）

余韵连绵不绝或余韵短促。

（5）醇厚度

单薄、醇厚、圆润、丝滑、厚实等。

5.咖啡机的维护及保养

咖啡机"三分使用，七分保养"。平时要注意咖啡机的正确使用及日常的维护保养。

（1）清洁咖啡机冲泡头和手柄

每次萃取咖啡后，打开咖啡机手动控制按钮，排出热水清洗残留在冲泡头上的咖啡粉渣及油渣。

每次使用结束后，来回转动装在冲泡头上的手柄，反复冲洗咖啡机冲泡头。

清洗手柄，每次咖啡萃取完后，将手柄取下敲掉咖啡粉渣并用干抹布擦干。

（2）清洁蒸汽棒

使用前及使用后用湿抹布擦拭干净并喷空 3 秒，将蒸汽棒内残留的牛奶及污渍冲洗干净，确保蒸汽孔畅通。

当蒸汽棒清洁不及时或清洁不到位时，把蒸汽棒浸泡在水里一段时间后清洗。

（3）清洁温杯区

将温杯区的器具、杯子移到指定区域。

清洗沥水垫。

用干净的湿抹布擦拭温杯区水渍。

沥水垫擦干净后放回咖啡温杯区。

（4）清洁其他区域

清洁接水盘区和排水管道，最后清洁外表面。

（二）美式咖啡

1. 品名来历

美式咖啡诞生在"二战"之后。欧洲战事结束后，许多美国军人来到了南欧，他们不习惯意式浓缩咖啡，就用温开水稀释，只有这样的浓度他们才能够接受。因为这种喝法主要是美国士兵在采用，所以人们给这种咖啡起名叫美式咖啡（陈德新，2017）。

2. 制作材料设备

意式咖啡机、开水、意式浓缩咖啡、美式咖啡杯、糖包、牛奶。

3. 制作方法

两份意式浓缩咖啡加 240 毫升热水；将意式特浓咖啡倒入杯中；饮用时可以加糖、加奶、加冰。

4. 品鉴事项

咖啡油脂覆盖在咖啡液体表面。

美式咖啡香气清新，口感清淡，微酸不涩，微苦甚至不苦，回甘明显。

（三）花式咖啡

1. 奶沫制作基础知识

（1）牛奶选择

全脂牛奶，口感更丝滑、圆润、醇厚；牛奶打发前冷藏至 3～5℃，因为冷藏后的牛奶更易打发。

（2）奶沫打发

发沫阶段：牛奶初始温度到 35℃。

加热融合：55～65℃。使发沫阶段产生的大奶沫打发得更加均衡。温度过低，影响口感；温度过高，影响牛奶风味，而且容易烫嘴。

（3）使用蒸汽棒制作奶沫

首先，在奶缸中倒入冷藏牛奶，倒至奶缸一半左右，以奶缸凹槽口为位置标记。如果牛奶过少，蒸汽容易打到奶缸底部不锈钢，牛奶不易形成漩涡，温度上升过快，牛奶还没打绵密就到达 65℃；如果奶缸中牛奶过多，在蒸汽压力的作用下，奶沫容易溢洒到工作台面上。其次，排放蒸汽。最后，制作奶沫。

具体而言（流程见图 5-11）：将奶缸拿平，将蒸汽棒靠着奶缸斜插入牛奶，蒸汽棒和牛奶液面角度为 60°～75°；将蒸汽棒插入牛奶液面下方 1 厘米处，偏离牛奶中心一些；打开蒸汽棒，使牛奶绕一个方向均匀旋转，用手触摸奶缸感觉温度变化，听奶沫打发的声音；往下持续缓慢地拉奶缸，注意往下拉的过程中需要始终保持蒸汽棒插在牛奶里面，控制好蒸汽量，用手感觉温度变化，当感觉到奶缸温度高于手掌温度时，将奶缸往上拉；调整角度，让牛奶形成漩涡，打绵打细奶沫，用手感觉温度变化；手感觉到奶缸发烫（60～65℃）时关闭蒸汽棒；用蒸汽棒专用抹布包住蒸汽棒，360° 旋转擦拭干净；喷蒸汽清洁蒸汽棒。

最后，完成奶沫制作，上下抖动奶缸，左右摇晃奶缸。

① 擦拭蒸汽棒

② 喷空蒸汽管

③ 将蒸汽棒以60°~75°
夹角斜插入牛奶液面
1厘米以下

④ 进蒸汽将奶沫打绵密

⑤ 上下或左右摇动奶缸

⑥ 拉花出图

图 5-11 奶沫制作流程（娄予强 摄）

2. 花式咖啡制作

（1）摩卡咖啡

1）品名来历

摩卡咖啡是个复杂的词。它首先可以指一种产于埃塞俄比亚的咖啡豆，豆小而香浓，酸醇味强，甘味适中，风味特殊。它还可以指一种器皿——摩卡壶所烹制的咖啡。而这里说的摩卡，主要是指一种花式咖啡的调制方式（来君，2014）。市面上的摩卡咖啡是由意式浓缩咖啡、巧克力酱和鲜牛奶混合而成的。

2）制作材料设备

意式咖啡机、意式浓缩咖啡、摩卡咖啡杯、巧克力酱、牛奶。

3）制作方法

将制作好的双份意式浓缩咖啡注入摩卡杯中。

将牛奶打成奶沫并注入咖啡中心部位至9成满（只是咖啡中心位置为白色），用咖啡勺将奶沫沿杯口铺1厘米宽的环形白色牛奶带。

将巧克力酱沿咖啡中心白色部分边沿和牛奶带边沿画圆圈。

用拉花针从内（中央）向外和从外向内交替画出图案。

4）品鉴事项

摩卡咖啡表面光滑细腻。

摩卡咖啡奶香浓郁，搭配巧克力酱的香甜，入口即是满满的幸福感，将奶沫与巧克力味的咖啡搅拌后，巧克力风味更加明显，苦味降低，口感丝滑，香醇甜美。

图 5-12　卡布奇诺咖啡（娄予强　摄）

（2）卡布奇诺咖啡（图 5-12）

1）品名来历

创立于 1525 年以后的圣芳济教会（Capuchin）的修士都穿着褐色道袍，头戴一顶尖尖的帽子，圣芳济教会传到意大利时，当地人觉得修士服饰很特殊，就给他们取个 Cappuccino 的名字，此字的意大利文是指僧侣所穿宽松长袍和小尖帽，源自意大利文"头巾"即 Cappuccio。然而，意大利人爱喝咖啡，发觉浓缩咖啡、牛奶和奶泡混合后，颜色就像是修士所穿的深褐色道袍，于是灵机一动，就给牛奶加咖啡又有尖尖奶泡的饮料，取名为卡布奇诺（Cappuccino）（毛峰，2008）。

2）制作材料设备

意式咖啡机、意式浓缩咖啡、卡布奇诺杯、糖包、牛奶。

3）制作方法

在卡布奇诺杯中注入 1 杯标准的意式特浓咖啡。

将适量冷藏鲜牛奶倒入不锈钢杯中，用蒸汽将奶打成绵密的奶泡状。

在意式特浓咖啡上拉出花形。

4）品鉴事项

奶沫光滑细腻，奶沫厚度大于 5 毫米。咖啡勺平推过去看不到咖啡液。

卡布奇诺咖啡表面有一层厚厚的细腻奶沫，使得咖啡丝滑绵密，口感厚实。一口喝下去，表面是奶沫的细腻，下面是牛奶与咖啡融合的香浓口感，咖啡味比拿铁咖啡更加香浓。

（3）拿铁咖啡（图5-13）

1）品名来历

1683年，土耳其大军第二次进
攻维也纳。波兰大军和维也纳大军夹
击打败土耳其大军后，土耳其大军撤
退时在城外丢弃了大批军需物资，其
中就有500袋咖啡豆。而当时伊斯兰
世界控制了几个世纪不肯外流的咖啡

图5-13　拿铁咖啡（娄予强　摄）

豆，所有人都不知道这是什么东西，只有柯奇斯基知道这是一种神奇的饮料，
于是他请求把这500袋咖啡豆作为突围的奖赏奖给他，他利用这些战利品开设
了维也纳首家咖啡馆。初期，生意并不理想，原因是基督教徒的人不像穆斯林
世界的人那样连咖啡渣一起喝下去，另外也不太适应这种浓黑焦苦的饮料。于
是柯奇斯基改变了配方，过滤掉咖啡渣并加入大量牛奶，这就出现了如今咖啡
馆里常见的拿铁咖啡。拿铁是意大利文"Latte"的音译，原意为牛奶（李伟
慰等，2015）。

2）制作材料设备

意式咖啡机、意式特浓咖啡、拿铁杯、糖包、牛奶。

3）制作方法

将牛奶打成奶沫并注入拿铁杯（牛奶3/5，奶沫1/5）。

将制作好的特浓咖啡从杯中心轻轻注入并形成分层。

可点缀少量可可粉。

4）品鉴事项

奶沫细腻光滑。

奶沫厚度小于5毫米，用咖啡勺刮奶沫时，可以看到咖啡液。

意式浓缩咖啡混合丝滑的牛奶，让原本浓郁微苦的咖啡柔顺香甜，口感以
奶味为主，似咖啡味的牛奶。

（4）焦糖玛奇朵咖啡（图5-14）

图 5-14　焦糖玛奇朵咖啡（娄予强　摄）

1）品名来历

原意指盖上薄薄热奶泡，以保持咖啡温度的意式浓缩。玛奇朵上洒上焦糖就成了焦糖玛奇朵。

2）制作材料设备

意式咖啡机、意式特浓咖啡、马克杯、焦糖、牛奶。

3）制作方法

在卡布奇诺杯中注入 1 杯标准的意式特浓咖啡。

将适量冷藏鲜牛奶倒入奶缸中，用蒸汽将奶打成泡沫状。

将奶沫倒入咖啡中，使其浮于表面。

用焦糖糖浆在奶沫表面画方格或其图案。

4）品鉴事项

奶沫细腻光滑，焦糖纹路清晰。

焦糖玛奇朵有浓郁的焦糖香气，入口是丝滑细腻的奶泡，带有焦糖风味，接着是浓郁的咖啡味伴随着焦糖甜感的牛奶，口感醇厚，焦糖风味余韵持久。

三、手冲滴滤壶制作咖啡

（一）历史

手冲咖啡是精品咖啡时代最流行和最重要的咖啡冲泡方式之一，这种风靡世界的冲泡咖啡方式，由德国人发明（李贵平等，2020）。100 多年前，德国的一位家庭妇女本茨·梅丽塔（Bentz Melitta）发明了咖啡滤泡法，改写了德国和世界饮用咖啡的历史。1908 年 6 月 20 日，梅丽塔在皇家专利局注册了她的这项发明："一个拱形底部穿有一个出水孔的铜质咖啡滤杯"（苏莉等，2017）。

（二）特点

手冲滴滤冲泡是技术难度较大，咖啡饮品口感可塑性较强的一种咖啡冲泡方法。手冲诠释的咖啡味谱，会比虹吸壶更为细柔、明亮、顺滑有层次感，甜感足。

（三）手冲滴滤壶冲泡制作参数（2人份）

水温：88～92℃。

咖啡豆用量：20克。

咖啡粉粗细度：中度研磨。

粉水比：（1∶18）～（1∶15）。

冲泡时间：1.5～2分钟。

（四）冲泡流程

准备：手冲滴滤壶、磨豆机、分享壶、电子秤。

磨豆：将新鲜的咖啡烘焙豆用磨豆机研磨成粗细度适中的咖啡粉。

折叠滤纸：可以让滤纸和滤杯紧密贴合。

浸湿滤纸：滤纸放入滤杯后用热水将滤纸完全浸湿，注意要使滤纸与滤杯杯壁充分贴合。

布粉：将研磨好的咖啡粉放入滤杯中轻缓摇平。

闷蒸：布粉完成后用手冲滴滤壶均匀缓慢地注入适量热水（88～92℃），使热水与咖啡粉充分浸湿，静置20～30秒。

注水：闷蒸完成后，用手冲滴滤壶以绕圈的方式均匀缓慢地注入热水进行冲泡，可采用一次性注水，也可分三段式注水，累计注水时间约2分钟。

温杯：在等待咖啡液滴入手冲滴滤壶中的同时，在咖啡杯中注入热水温杯待用。

倒入咖啡液：当滴滤和温杯完成后，将手冲滴滤壶中的咖啡轻轻摇匀，倒入咖啡饮用杯中，咖啡液倒至7～8分满。

享用咖啡：咖啡液倒入咖啡杯后品尝咖啡的风味、甜感、醇厚度等，也可根据个人爱好，添加糖、牛奶等。

手冲滴滤壶咖啡冲泡制作流程详见图5-15。

① 准备　　　　　② 磨豆　　　　　③ 折叠滤纸

④ 浸湿滤纸　　　　⑤ 布粉　　　　　⑥ 闷蒸

⑦ 注水-1　　　　⑧ 温杯　　　　　⑨ 倒入咖啡液

⑩ 享用

图5-15　手冲滴滤壶咖啡冲泡制作流程（娄予强　摄）

四、聪明杯制作咖啡

如果要为"咖啡小白"推荐一种简单稳定的冲煮方式，首选是被誉为咖啡新手神器的聪明杯（图 5-16）。聪明杯因其简易的操作方式，能让每位手冲初学者都能轻易上手，在家为自己冲杯好咖啡，使用后在清洗上也非常方便，俨然就是居家必备的咖啡冲煮器具之一。

图 5-16　聪明杯（娄予强　摄）

（一）聪明杯的历史

聪明杯源于我国台湾，聪明杯的前身是冲茶器，后来被应用在咖啡上，风味表现优秀，且大大降低冲煮咖啡的难度。聪明杯之所以"聪明"，源于它独特的设计能够保证咖啡良好的品质。

（二）聪明杯的结构

聪明杯特别在哪里呢？聪明杯兼具法压壶和手冲滴滤壶的优点，聪明杯底部分为两层，外层是支撑功能，内层带有按压式开关阀设计。只要不放在容器上，阀门是处于一种紧闭的状态，使咖啡粉能够浸泡其中，此时具有法压壶冲煮的特点。浸泡完成后，只要把滤杯放在容器上，底盘中间会受到按压，促使活塞阀开启，让咖啡液流入容器中，此时兼具手冲滴滤壶的特点。

（三）聪明杯制作咖啡的原理及特点

原理：聪明杯设计关键在于滤杯底部的活塞阀，开水注入滤杯后，水压会使活塞阀自动密合止水，咖啡粉即可充分浸泡于其中。

待完成浸泡后，将滤杯置于分享壶或者马克杯上，底盘受到按压促使活塞阀开启，咖啡即会缓缓流入杯中。

特点：聪明杯同时兼具法压壶与手冲滤杯的优点，既可提供法式滤压壶完全浸泡的环境，保留咖啡油脂使风味饱满圆润，又兼顾了手冲滤杯的过滤功能，可将咖啡粉渣完全滤除，避免干扰口感。

（四）聪明杯制作咖啡的流程

准备：聪明杯、分享壶、温控壶、磨豆机、咖啡豆、豆勺、电子秤。

1. 冲煮参数

研磨度：中浅烘焙咖啡豆采用中细研磨度，中深烘焙咖啡豆采用中粗研磨度。

水温：浅烘焙咖啡豆采用 90～91℃，中深烘焙咖啡豆采用 88～89℃。

粉水比例：（1∶15）～（1∶17）。

搅动：使用搅拌法时，手法轻柔，以不戳破滤纸为原则，使其均匀混合。

浸泡：浸泡时间至少 1 分 30 秒，长可至 3～4 分钟。时间的长短会影响咖啡的浓淡，可依个人喜好调整。

2. 冲煮流程

准备：保山铁皮卡 15 克中细研磨的咖啡粉（中度烘焙）、89℃热水。

折好滤纸放在杯内，把聪明杯放在分享壶上，用热水润湿滤纸，预热器具。

把聪明杯移到电子秤处（此时阀门会自动关闭），往滤杯中央倒入研磨好的咖啡粉后开始注水，注水分两次，首先注入 30 克的热水，闷蒸 30 秒；闷蒸后再注入热水 225 毫升，然后浸泡 1 分 50 秒。

将聪明杯移到容器上打开阀门，过滤出滤杯中咖啡液，整个过程时长大约 15 秒，咖啡的总萃取时间 2 分钟左右。

将咖啡摇匀，倒入杯中享用。

聪明杯咖啡冲泡制作流程详见图 5-17。

① 准备材料

② 折叠滤纸边缘

③ 浸润滤纸

④ 倒入事先准备好的 15 克咖啡粉

⑤ 用手轻拍外壁使咖啡粉摊平

⑥ 注水 30 克浸润咖啡粉

⑦ 闷蒸 30 秒

⑧ 注水 225 毫升

⑨ 静置萃取 1 分钟 50 秒

⑩ 在 1 分钟 50 秒的时候打开聪明杯的阀门

⑪ 从分享壶倒入咖啡杯

⑫ 准备享用

图 5-17　聪明杯咖啡冲泡制作流程（娄予强　摄）

五、虹吸壶制作咖啡

（一）虹吸壶的历史

1840 年，一只实验室的玻璃试管，扣动了虹吸式咖啡壶的发明扳机，英国人拿比亚以化学实验用的试管做蓝本，创造出第一只真空式咖啡壶。两年后，法国巴香夫人将其加以改良，人们熟悉的上下对流式虹吸壶从此诞生（黄梅，2019）！后来咖啡文化传入日本后，日本把这一器具发扬光大，再传入中国台湾，随着"第三波"咖啡文化的流行风靡全球（李贵平等，2020）。

（二）虹吸壶的结构

虹吸壶的结构详见图 5-18。

图 5-18　虹吸壶的结构（娄予强　摄）

（三）虹吸壶制作咖啡的特点

虹吸壶的萃取水温容易掌控。相较于手冲，虹吸壶冲煮品质更为稳定，而且味谱丰富厚实，醇厚度高。

（四）虹吸壶制作咖啡的方法

1. 技术参数

水温：90℃。

粉水比：（1∶11）～（1∶13）。

咖啡豆：20 克。

水：240 毫升。

咖啡粉研磨度：中度研磨。

冲煮时间：40～60 秒。

2. 虹吸壶咖啡冲煮流程

准备：虹吸壶、光波炉、干湿毛巾各一条、咖啡粉 20 克、木质搅拌棒、水壶、电子秤。

固定滤网：将滤网装入虹吸壶上座并拉紧固定好。

清洗虹吸壶：加热水清洗虹吸壶上下壶。

加热冲煮用水：在虹吸壶下壶中倒入 240 毫升水，用干毛巾擦干虹吸壶下壶，避免其在加热过程中炸裂，用光波炉加热，待水加热进入玻璃上座后，用木质搅拌棒搅拌 3 圈，将火力关小，若此时有大气泡冒出，说明滤网与上壶贴合不紧密，可用木质搅拌棒按压调整。

加入咖啡粉：倒入研磨好的咖啡粉，顺时针方向均匀搅拌数圈，煮 40～60 秒即可。

关闭热源：关掉光波炉，将虹吸壶移到一边，用叠好的湿毛巾包裹虹吸壶玻璃下座，玻璃下座降温后，咖啡液迅速回落到下座中。

温杯享用：将咖啡液倒入温好的咖啡杯中，即可享用咖啡。

虹吸壶咖啡冲泡制作流程详见图 5-19。

（五）虹吸壶的清洁与维护

为防止虹吸壶受热不均炸裂，每次都要将下壶擦干，不能有水滴，挂弹簧钩时力度不宜太大，也不宜突然放开钩子；操作过程要轻柔，否则会损伤虹吸壶。

搅拌动作要轻柔，避免暴力搅拌，否则可能会造成过度萃取及萃取不均。

不能使用湿抹布碰触下壶底部接触热源的位置，防止下壶炸裂。

拔上壶时，左手要抓紧下壶的把手，用右手抓住上壶顶端。不要抓握上壶的中下端，以免烫伤。

① 准备

② 倒入热水

③ 将虹吸壶上壶插入下壶

④ 用干毛巾擦干下壶表
面的水

⑤ 加热清洗虹吸壶

⑥ 往虹吸壶下壶中加入
240 毫升水

⑦ 安装虹吸壶加热

⑧ 当虹吸壶中的水进入到上
壶后用搅拌棒搅拌 3 圈

⑨ 加入 20 克新鲜研磨的
咖啡粉

⑩ 搅拌 2 次，每次 3~4 圈

⑪ 关闭热源用湿毛巾加速降
温使咖啡液加速进入下壶

⑫ 将咖啡液摇匀混合

⑬ 将咖啡倒入咖啡杯中享用

图 5-19　虹吸壶咖啡冲泡制作流程（娄予强　摄）

使用完毕后要将虹吸壶清洗干净，滤布要单独清洗，避免有咖啡油脂等物质残留在滤杯上，影响咖啡出品及风味。

六、法压壶制作咖啡

（一）法压壶简介

法压壶（图 5-20）于 1850 年左右发源于法国，是最简单实用的咖啡入门冲泡器具（李贵平等，2020），属于浸泡式的咖啡冲泡方式，法压壶也可以用来泡茶、冲泡果皮茶和打奶泡。

图 5-20　法压壶结构（娄予强　摄）

1. 特点

与手冲咖啡相比口感更加醇厚。

法压壶通过金属滤网过滤咖啡渣，而金属滤网孔径比滤纸大，所以能保留大部分咖啡油脂，因此咖啡口感比手冲咖啡更加醇厚，但也因其金属滤网的设计，杯中往往会残留许多细小的咖啡粉渣。

2. 更能突出咖啡原本的风味

法压壶的萃取模式为浸泡式萃取，与杯测类似，可以将人为影响因素降到最低，最能体现豆子原本的风味，整体操作简单，容易上手使用。

3. 工作原理

通过浸泡咖啡的方式，再以带压杆的金属滤网把咖啡渣压下去，得到一杯醇厚且口感丰富的咖啡。

（二）法压壶制作咖啡

1. 准备工作

咖啡豆、电子秤、法压壶、木质搅拌棒、温控壶、磨豆机。

2. 冲泡流程

预热法压壶：用温水预热法压壶。

倒入咖啡粉及热水：往法压壶内倒入研磨好的 20 克咖啡粉，然后注入 300 毫升的热水（90℃），可采用大水流注水，让咖啡粉翻滚，提升萃取效率。

绕圈搅拌：注水完毕后，用木质搅拌棒（勺）搅拌 2～3 圈，拉升过滤网，把壶盖盖上，等待 4 分钟左右。

下压滤杆：轻柔地压下压滤杆，压至壶身 1/4 处左右，避免底部的细粉涌流到上方。

温杯并倒出咖啡液享用。

法压壶咖啡冲泡流程详见图 5-21。

① 准备

② 研磨 20 克咖啡粉

③ 用温水预热法压壶

④ 将咖啡粉倒入法压壶

⑤ 在法压壶中注入 300 毫升 90℃热水

⑥ 搅拌 2～3 圈

⑦ 注水完毕后，拉升过滤
网将壶盖盖上

⑧ 4分钟后，压下压滤杆

⑨ 倒出咖啡液

⑩ 享用咖啡

图 5-21　法压壶咖啡冲泡流程（娄予强　摄）

（三）法压壶的清洗与维护

制作完后要及时用热水清洗法压壶，避免咖啡渣及油脂附着在壶上，影响咖啡风味。

注意将金属筛网清洗干净，避免咖啡颗粒残留堵住。

清洗完成后要将滤网晾干再组装法压壶，避免滤网生锈产生异味。

七、爱乐压制作咖啡

（一）爱乐压的历史

有一种咖啡冲泡器具集法压壶的浸泡式萃取、手冲的滴滤式萃取以及意式咖啡的快速加压式萃取于一身，这就是近年来流行的爱乐压。爱乐压是 2005 年前后，美国一家专门生产"飞盘"的公司 Aerobie（爱乐比）研发出的新产品（林蔓祯，2018）。爱乐压因使用简便，萃取的咖啡具有干净、浓度适中、无焦苦味、操作简便、可塑性强等优点，在全世界颇受好评。

（二）爱乐压制作咖啡的原理及特点

1.结构

爱乐压由壶身、滤盖、活塞压筒、圆形滤纸、爱乐压搅拌器、漏斗及滤纸收纳筒等构成（图5-22）。

图 5-22　爱乐压结构（娄予强　摄）

2.工作原理

咖啡粉与热水搅拌混合后，用压筒挤压空气，穿透滤盖萃取出风味干净的咖啡。

3.特点

根据不同的冲煮方案，爱乐压冲煮的咖啡，可以呈现意式咖啡的浓郁或手冲咖啡的干净亦或是法压壶的丰富且完整风味。

（三）爱乐压冲煮咖啡流程

准备材料：爱乐压、电子秤、磨豆机、15克咖啡豆（中烘焙至中深烘焙，细研磨）、温控壶、200毫升水（水温为85～88℃）。

1. 爱乐压正做制作咖啡的步骤

装滤纸：将滤纸装入爱乐压滤盖，用热水将其润湿。

安装滤盖和滤筒：将滤盖装上爱乐压滤筒，拧紧并置于杯上。

布粉：将 15 克研磨好的咖啡粉添加到爱乐压滤筒中。

注水：往其中注入 200 毫升热水，搅拌 5～6 圈，并将压筒安上避免温度下降和香气逸散。

搅拌：静置 30 秒后，取下压筒再搅拌 5～6 圈。

按压：将压筒安上，缓缓压下压筒，整个下压时间约为 15 秒，即可得到咖啡液。

爱乐压正做制作咖啡流程详见图 5-23。

① 准备	② 安装滤纸	③ 润湿滤纸
④ 将滤盖和滤筒拧紧	⑤ 布粉	⑥ 注水
⑦ 搅拌	⑧ 按压	⑨ 享用咖啡

图 5-23 爱乐压正做制作咖啡流程（娄予强 摄）

2. 爱乐压反做制作咖啡的步骤

将爱乐压的压筒装入预热过的滤筒中，将其倒转放置。

将 15 克研磨好的咖啡粉加到滤筒中。

往滤筒中注入 200 毫升热水。

搅拌 5～6 圈并静置等待 30 秒，再搅拌 5～6 圈。

将用水湿润过的滤纸装放在滤盖，盖上滤筒，拧紧。

用承装咖啡液的容器扣在滤盖上端，再翻过来。

缓缓压下压筒即可得到咖啡液，下压过程耗时 10～15 秒。

爱乐压反做咖啡冲泡制作流程详见图 5-24。

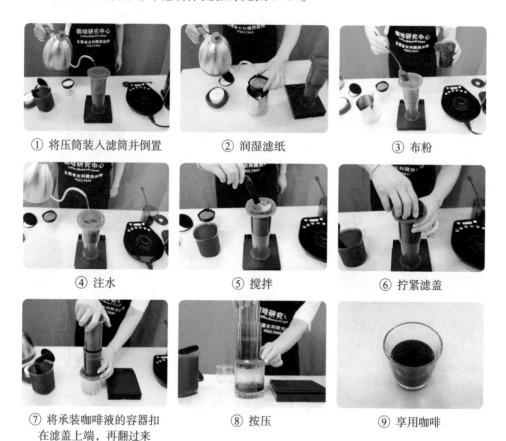

① 将压筒装入滤筒并倒置　② 润湿滤纸　③ 布粉

④ 注水　⑤ 搅拌　⑥ 拧紧滤盖

⑦ 将承装咖啡液的容器扣
在滤盖上端，再翻过来　⑧ 按压　⑨ 享用咖啡

图 5-24　爱乐压反做咖啡冲泡制作流程（娄予强　摄）

3. 注意事项

使用后立即清理残留的咖啡渣，存放爱乐压时要将密封橡胶塞推到底。这样可以确保密封橡胶塞不会变形，延长使用寿命。

在按压之前有少量液体滴落是正常现象。如按压之前有大量液体流出，要摇匀咖啡粉并缓慢倒入水。如果仍有大量液体流出，要更换为更细的咖啡粉或检查压筒是否垂直。

缓慢向下压，感觉气压往上顶时暂停。气压缓和后继续往下压。如果向下按压的力度较重，会对咖啡产生压力并阻塞水流。如果采用轻缓按压仍耗时过长，可尝试采用较粗研磨的咖啡粉。

水温：可选用冰水、常温水或80～90℃热水冲泡咖啡，只需选择合适的搅拌次数和搅拌时间、合适的浸泡时长即可。

研磨程度：采用细研磨。

八、摩卡壶制作咖啡

（一）摩卡壶的历史

摩卡壶最早起源于意大利，发明人 Alfanso Bialetti 发现当地的洗衣机中有一根金属管，可将加热后的肥皂水从洗衣机的底部吸上来。他由此得到灵感，1933 年发明了摩卡壶，这是世界上第一支通过蒸汽压力萃取咖啡的家用咖啡壶（李贵平等，2020）。这一发明革新了意大利人制作咖啡的方式，使咖啡制作变得简单方便。摩卡壶逐渐在意大利家庭中得到普及，后来发展成为意大利家庭厨房中必不可少的咖啡器具。传统的摩卡壶是铝制的，可以用明火或电热炉具加热。由于这种铝制的摩卡壶不能在电磁炉具上加热，还出现了像电水壶一样的电加热摩卡壶。摩卡壶结构见图 5-25。

图 5-25 摩卡壶结构（娄予强 摄）

（二）摩卡壶萃取原理及特点

原理：将壶放在炉灶上加热，利用下壶水沸腾时挥发蒸汽产生的压力推过咖啡粉再萃取咖啡。

特点：用摩卡壶萃取出来的咖啡口感浓烈、酸苦兼备，具有油脂层，是最接近意式浓缩咖啡的咖啡器具。因其使用方便，目前成为家庭制作意式浓缩的器具。如果家里有打奶器，还可配套使用制作花式咖啡。

（三）摩卡壶冲煮咖啡流程

1. 准备材料

摩卡壶、瓦斯炉及炉架或电磁炉、14 克咖啡粉、磨豆机、电子秤、常温水 120 毫升。

2. 冲煮过程

拆摩卡壶，摩卡壶有上壶、中部的咖啡粉槽、下壶部分。
往下壶倒入水，水倒至泄压阀下方为准。
在咖啡粉槽中倒入咖啡粉并抹平表面，无须压粉。

将咖啡粉槽安装在下壶。

安装上壶并转紧。

以小火加热摩卡壶，可直接放置于瓦斯炉上加热，为受热均匀，可以在瓦斯炉上方放一层铁丝网。

水加热后，壶具因蒸汽产生鸣叫声时，关火。

咖啡流入上壶后，就可倒入其他容器。

摩卡壶制作咖啡流程详见图 5-26。

① 准备

② 往下壶中加入水，水不能超过下壶的安全阀

③ 在咖啡粉槽中倒入咖啡粉并抹平表面

④ 在粉槽上方平铺上滤纸

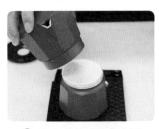
⑤ 将咖啡粉槽安装在下壶，安装上壶

⑥ 将摩卡壶上下壶转紧，不能漏气

⑦ 加热摩卡壶，待摩卡壶产生鸣叫声，咖啡液溢出到上壶，关火

⑧ 将咖啡液倒入咖啡杯中享用

图 5-26　摩卡壶制作咖啡流程（娄予强　摄）

（四）注意事项

摩卡壶下壶装水时水位不能超过泄压阀的位置。

摩卡壶加热后勿直接接触壶身以免烫伤。

如果咖啡液体是爆发式喷出来的，说明水温太高了，需要调小热源。相反，流出来太慢就说明水温太低了，需调大火力。

安全性：冲煮时要注意控制火力，火力大则内部压力大，压力过大则会产生安全隐患。

九、冰滴壶制作咖啡

冰滴咖啡又称冰酿咖啡，是指用低于 5℃ 的水长时间低温浸泡萃取的咖啡饮料。

（一）冰滴咖啡的历史

冰滴咖啡，通常也称荷兰式冰滴咖啡（Dutch coffee），但据日本文献资料显示，这一名称似乎和荷兰没任何关系，而和日本却有着密切联系。事实上，冰滴咖啡是荷兰的殖民地印度尼西亚当地的农民在工歇时所喝的咖啡。京都老字号咖啡馆花房（Hananfusa）在自家门店也推出这款产品，在取名时觉得荷兰比印度尼西亚时髦，于是称为荷兰咖啡"Dutch coffee"，但它和荷兰本国没有任何关系（田口护等，2016）。

（二）冰滴壶制作咖啡的结构、原理及特点

结构：由盛水器、调节阀、粉杯、咖啡液容器组成。

原理：咖啡粉和水在自然状态下充分融合过滤而成的咖啡。萃取的咖啡因烘焙程度、水量、水温、水滴速度、咖啡研磨粗细等因素而呈现不同风味。

特点：口感浓郁顺滑，不苦不涩，酸度较低，甜度较高，带有发酵味，层次感明显。

冰滴咖啡因为用冰水长时间进行萃取，更多的小分子物质（如花香、酸）被萃取出来，大分子物质（如单宁酸的苦涩感）则较难被萃取出来，经过长时间的低温萃取，再加上通常滴滤好的冰滴咖啡会被放入冰箱里发酵一段时间，所以喝起来会带着发酵味，而且层次感也比较明显。

（三）制作冰滴咖啡的方法

1. 准备

冰滴壶、磨豆机、冰水、豆勺、搅拌棒（勺）、粉锤、咖啡壶、电子秤。

2. 参考冲煮参数

研磨度：中细度研磨，比细砂糖细一点 60 克粉。

粉水比：1∶10。

冰水混合物的比例为 1∶1。

滴速：阀门控制滴速在每 10 秒 7 滴。整个萃取时间为 6~8 小时。

冰镇：萃取完成后冰滴咖啡装入瓶中冰镇 10 小时后饮用。

3. 步骤

清洗所有的玻璃器具、滤布、过滤器、清洁台面，保持台面和用具的干净整洁。

放入滤芯时应正面朝上，用搅拌棒（勺）拨正。

加入 60 克咖啡粉，轻拍几下，将咖啡粉平铺在冰滴壶中间，用冷水润湿咖啡粉。

在咖啡粉表面加一片滤纸，可减缓水下滴时的冲力。

放粉杯入壶，将粉杯装入冰滴架。

把上壶安放妥当，关好滴水阀。

加入冰块适量，倒入冷开水，打开调节阀，上壶中倒入 600 毫升水，调节水滴速度，标准水滴速度为每 10 秒 7 滴。

将咖啡放入冰箱冰镇 10 小时。

取出饮用。

冰滴咖啡制作流程详见图 5-27。

① 装粉　　　　　② 放滤纸　　　　　③ 放入冰块

④ 加入少量冰水　　⑤ 调节滴速　　　　⑥ 等待萃取完成

图 5-27　冰滴咖啡制作流程（娄予强　摄）

（四）注意事项

预浸泡：先用少量水浸湿咖啡粉床进行闷蒸。如果直接冰滴可能会造成粉层湿润不均及萃取不均匀。

压平咖啡粉：轻轻拍粉，让咖啡粉均匀分布在滤杯里。

速度及时间：由于萃取水温比较低，为保证充分萃取，咖啡粉及水将长时间接触，通过控制水滴速度进行调节，一般为每 10 秒 7 滴为宜。

十、挂耳咖啡冲泡

（一）挂耳咖啡的历史

挂耳咖啡是将新鲜烘焙的咖啡粉装入滤袋后再进行密封的便携式咖啡。2001 年，日本 UCC 上岛咖啡发明了挂耳包咖啡并注册了专利，随后推向市场。滤包用于存放咖啡粉，而两侧是悬挂纸片，像两个小耳朵，用于悬挂在玻璃杯的杯壁上，所以叫挂耳咖啡（孙金才等，2019）。

（二）特点

如果没有磨豆机、咖啡冲煮器具又想随时随地来一杯新鲜冲泡的咖啡，那么挂耳咖啡是一个很好的选择。挂耳咖啡携带方便、冲泡简单，合适的冲泡能够凸显咖啡的风味特征，特别适合于居家、办公室和旅行使用。

（三）冲泡参数

水温：88～92℃。

咖啡粉用量：1 包。

用水量：150～180 毫升。

冲泡时间：2 分钟。

（四）制作流程

取 1 包挂耳咖啡，打开包装袋，取出挂耳滤袋将封口沿滤袋上的虚线撕开。

将咖啡将滤袋两边的挂耳沿滤袋边缘拉起，将咖啡滤袋挂在咖啡杯壁上。

缓慢向咖啡滤袋中注入热水，由内向外顺时针方向绕圈注水，先注水 20～30 毫升，时间为 20～30 秒。

注入总水量 150～180 毫升，整个冲滤时间为 2 分钟左右。

冲滤完成后将挂耳滤袋取出，妥善放置。

趁热享用咖啡，也可根据自己喜欢的口味添加糖、牛奶等。

挂耳咖啡制作流程见图 5-28。

① 准备　　　② 撕开咖啡外包装　　　③ 撕开内包装

④ 将双耳挂在杯子上　　⑤ 闷蒸 30 秒　　⑥ 2 分钟注水 150～180 毫升

⑦ 移开挂耳包　　⑧ 倒入温好的杯中享用

图 5-28　挂耳咖啡制作流程（娄予强　摄）

十一、冷萃咖啡

炎炎夏日，一杯冰冰凉凉的冰咖啡沁人心脾。冷萃咖啡（图 5-29）因制作简单，香气口感俱佳，已成为夏日较受欢迎的饮品之一。

图 5-29　冷萃咖啡（娄予强　摄）

（一）冷萃咖啡的制作方法

冷萃咖啡，在常温或更低温度条件下用冷水浸泡的饮品，需要较长时间才能达到最佳的萃取效果。一般情况下，将咖啡豆细研磨后用冷水浸泡至少 8 小时，可以用冷萃壶进行萃取过滤。若想要醇厚度更高，可以适当延长时间，甚至到 24 小时。

（二）冷萃咖啡风味特点

比起用热水萃取的冰咖啡，用冷水萃取的咖啡能够最大限度地保留香气和风味，同时柔化了酸感和苦味（咖啡精品生活，2019）。

（三）注意事项

研磨度：选择手冲用的研磨度或者比手冲稍细的研磨度。

粉水比：（1∶4）～（1∶15）均可，推荐（1∶10）～（1∶12），若浓度过高，可以加冰块稀释。

浸泡时间：12～24 小时，浸泡时间越长，咖啡风味就会越浓郁。

因为冰箱容易滋生细菌，会增加食品安全的风险，因此建议浸泡时间不超过 24 小时。

第四节　咖啡品鉴

咖啡的整体风味是由水溶性滋味、挥发性香气以及口感构成的，经由味觉、嗅觉和触觉一起品鉴方可获得。挥发香气包括干香和湿香，需要鼻前与鼻后嗅觉来共同感知；水溶性滋味属于口腔味觉的范畴，包括酸、甜、苦、咸；口感即口腔触觉，包括顺滑感和涩感。咖啡品鉴风味构成见图 5-30。

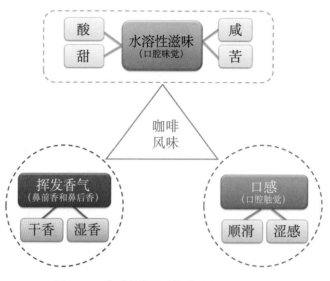

图 5-30　咖啡品鉴风味构成（娄予强　绘制）

参考文献

鲍晓华，董维多，2020．小粒种咖啡加工技术 [M]．北京：北京大学出版社．

陈德新，2017．朱苦拉咖啡之旅 [M]．昆明：云南人民出版社．

陈荣，2020．咖啡学概论 [M]．广州：华南理工大学出版社．

黄梅，2019．酒水与咖啡的品鉴和调制 [M]．大连：大连海事大学出版社．

咖啡精品生活，2019．3分钟爱上咖啡 [M]．南京：江苏凤凰科学技术出版社．

柯明川，2014．邂逅一杯好咖啡 [M]．北京：中国画报出版社．

来君，2014．怎样品鉴咖啡 [M]．长沙：湖南美术出版社．

李贵平，胡发广，黄家雄，2020．小粒种咖啡生产新技术 [M]．昆明：云南科
　　技出版社．

李伟慰，周妙贤，2015．咖啡制作与服务 [M]．广州：暨南大学出版社．

林蔓祯，2018．咖啡冲煮大全　咖啡职人的零失败手冲秘籍 [M]．南京：江苏
　　凤凰科学技术出版社．

马静，汪才华，冷小京，2013．咖啡研磨工艺对咖啡风味的影响 [J]．饮料工
　　业，16（9）：46-49．

毛峰，2008．不可不知的西方文化常识 [M]．北京：中国妇女出版社．

苏莉，李聪，2017．咖啡技艺 [M]．北京：北京理工大学出版社．

孙金才，江津津，2019．全国高职高专食品类、保健品开发与管理专业
　　"十三五"规划教材　食品包装技术 [M]．北京：中国医药科技出版社．

田口护，2009．咖啡品鉴大全 [M]．书锦缘，译．沈阳：辽宁科学技术出
　　版社．

田口护，旦部辛博，2016．咖啡方程式 [M]．张军，译．沈阳：辽宁科学技术
　　出版社．

王建英，2020．酒水服务与酒吧管理 [M]．北京：中国言实出版社．

LINGLE T, 1996. The coffee brewing handbook[M]. Long Beach, CA: Specialty
　　Coffee Association of America.

SANTOS W P C, HATIJE V, LIMA L N, et al., 2008. Evaluation of sample preparation (grinding and sieving) of bivalves, coffee and cowpea beans formulti-element analysis[J]. Microchemical Journal, 89(2): 123-130.

第六章

咖啡与健康

第一节　咖啡与提神

咖啡中的咖啡因有助于提高警觉性、灵敏性及集中力。

《饮料工业》2013 年报道了澳大利亚的一项研究，大型货车司机在开车时，如果用咖啡因提神，在长途运输时发生撞车的几率会显著降低。该研究历时 3 年，对澳大利亚的 1 000 多名司机进行了调查。研究结果显示，用咖啡因来提神的司机发生车祸的可能性比未用咖啡因的司机低 63%。

《中国食品工业》2021 年报道了咖啡提神的机制。当人们长时间不间断工作，身体里产生的一种叫作"腺苷"的物质，能够与大脑中的腺苷受体结合，两者结合后会向大脑传递疲劳的讯息，从而产生疲惫感和困意。咖啡之所以能"提神"，是因为咖啡中的咖啡因化学结构与腺苷相似，进入人体后可以代替腺苷与腺苷受体结合，阻挡腺苷与腺苷受体的正常结合，使大脑无法接收到疲劳的信号，人们就不会觉得累，从而起到"提神"的作用。

第二节　咖啡与阿尔茨海默病

阿尔茨海默病，又称老年痴呆症，最初是由德国神经病理学家暨精神科医师 Alois Alzheimer 所发现，是发生于老年和老年前期，以进行性认知功能障碍和行为损害为特征的中枢神经系统退行性病变（Bruce，2017）。

澳大利亚伊迪斯·科文大学的研究人员在 10 多年的时间里对 227 名澳大利亚人进行调查，研究咖啡摄入量是否影响其认知能力下降的速度。研究结果表明，多喝咖啡会对某些认知功能产生积极的效果，同时，更高的咖啡摄入量还可降低 β-淀粉样蛋白在大脑中的蓄积（Gardener et al.，2021）。而 β-淀粉样蛋白在脑内的形成和沉积是阿尔茨海默病发病的关键（孙辉等，2017）。

美国研究人员发现，一天喝两杯咖啡可能有助预防阿尔茨海默病。美国威斯康星大学密尔沃基分校的研究小组追踪调查了 6 467 名 65 岁以上老人（女性），每年评估一次认知能力，并要求她们记录日常饮用咖啡、茶和可乐的数量以了解咖啡因摄入量。10 年后发现，与日均咖啡因摄入量小于 64 毫克的老人相比，每天摄入超过 261 毫克咖啡因的老人发生偶发性痴呆症的风险降低 26%（Driscoll et al.，2016）。这一数量（261 毫克）的咖啡因，与咖啡店中 2 杯咖啡的咖啡因总量相当。

第三节　咖啡与帕金森病

帕金森病是一种老年人群中常见的中枢神经系统变性病，主要引起静止性震颤、肌强直、运动迟缓和姿势步态异常等运动障碍，同时伴有大量非运动症状（刘疏影等，2016）。

2000年，发表在《美国医学会会刊》上的一份研究论文揭示了咖啡和膳食咖啡因摄入量与帕金森病风险的关联性——经常喝咖啡可以显著降低患帕金森病的风险。调查人员在30年里对夏威夷瓦胡岛上8 004名年龄在45～68岁的日裔美国男性进行了跟踪调查。调查数据显示，不喝咖啡的人患帕金森病的风险是每天摄入超过28盎司（1盎司≈29.57毫升）咖啡的人的5倍（Ross et al.，2000）。

据介绍，咖啡能防止帕金森病的原因，一是咖啡的主要成分咖啡因能有效保护脑部神经，而一旦脑部神经受损则可能导致帕金森病。二是咖啡因能刺激一些特定的神经促进多巴胺的生成，而多巴胺正是治疗帕金森病的药物（南朝君，2014）。

第四节 咖啡与慢性肝病

慢性肝病指发生在肝脏器官的慢性疾病的统称，是当今社会主要威胁人类健康的疾病之一（王佳赢，2012）。

美国的一项研究表明，饮咖啡，而不是饮茶，与发生酒精性肝硬化风险呈负相关，每天喝 4 杯或更多杯咖啡的人患病的风险为不饮用咖啡者的 1/5（Klatsky et al.，1992）。

一项来自挪威公共卫生研究所的研究表明，每天饮用 3 杯及以上的人群患肝硬化致死的风险明显低于每天饮用少于 2 杯的人群（Tverdal et al.，2003）。

美国南加利福尼亚大学开展的一项基于人群的前瞻性研究，研究对象超过 21.5 万人。研究发现，较多的咖啡摄入量有助于降低慢性肝病死亡率的风险。与不饮用咖啡者相比，每天饮用 2～3 杯咖啡的参与者死于慢性肝病的风险降低 46%，而每天饮用≥4 杯的人死于慢性肝病的风险降低 71%。而且，无论种族、性别、体重指数、吸烟状况、酒精摄入量或糖尿病状况如何，咖啡的保护作用都是相似的（Setiawan et al.，2015）。英国南安普顿大学和爱丁堡大学的另一项研究表明，不论速溶咖啡、无因咖啡，还是研磨咖啡，都会降低慢性肝病发病的风险，但以研磨咖啡效果最佳（Kennedy et al.，2021）。

第五节 咖啡与 2 型糖尿病

2 型糖尿病是一种慢性代谢疾病，属于发病率最高的糖尿病类型。20 世纪以来，2 型糖尿病患者数量逐年增长，发病死亡率不断升高，尤其在发展中国家增长速度更快（苏钰，2020）。

日本大阪大学的一项长期研究结果显示：咖啡具有预防糖尿病的功效，多喝可降低罹患这种疾病的概率，高达 30%～40%。该研究对日本全国 17 000 名 40～65 岁的男女进行了长期的追踪调查，5 年间有 444 人罹患糖尿病。调查显示，每天喝 3 杯以上咖啡者比每周不足 1 杯者患病风险减少 42%（祝健，2007）。

《中国食品报》2012 年报道了我国华中科技大学同济医学院药学院的研究团队发表的一项研究成果：长期每天饮用 4 杯左右的咖啡，可抑制体内有害的蛋白质变化，使糖尿病的患病概率减少 50%。

哈佛医学院开展的一项研究表明：咖啡摄入与 2 型糖尿病的发生呈负相关。与不喝或很少喝咖啡的人相比，每天喝一杯咖啡，糖尿病的相对风险可降低 8%，每天喝 2 杯咖啡风险降低 15%，每天喝 3 杯咖啡风险降低 21%，每天喝 4 杯咖啡风险降低 25%，每天喝 5 杯咖啡风险降低 29%，每天喝 6 杯咖啡风险降低 33%（Ding et al.，2014）。

第六节　咖啡与心血管疾病

心血管疾病（cardiovascular disease，CVD）是一种多因素引起的慢性非传染性疾病，发病率和死亡率均居于各种疾病之首，在人口老龄化和代谢危险因素持续流行的双重压力下，我国心血管疾病的发病率持续上升（陈琪，2022）。常见的心血管疾病包括高血压、心绞痛、心肌梗死、心律失常以及心力衰竭等（张庆等，2015）。

2015年，韩国江北三星医院的研究团队发表了一篇关于经常饮用咖啡与冠状动脉钙化患病率之间的关联性的研究论文。该项研究的研究对象为25 138位年轻、中年无症状男性和女性。该项研究结果表明，适度饮用咖啡可降低亚临床冠状动脉粥样硬化的发病率（Choi et al.，2015）。

2008年，荷兰瓦格宁根大学发表的一篇研究论文中指出：喝咖啡对冠状动脉钙化有益，尤其是对女性。与每天摄入3杯以下咖啡的人相比，每天饮用3～4杯的人可显著降低发生冠状动脉钙化的可能性（Van Woudenbergh et al.，2008）。

2012年，中国郑州大学发表的一项研究成果显示，在女性中，咖啡的摄入可降低17%的中风风险。尽管在男性中没有统计学差异，但咖啡的摄入显示出有降低中风风险的趋势（Zhang et al.，2012）。

美国圣卢克中美洲心脏研究所的研究表明，长期地饮用咖啡可降低心血管死亡以及冠心病、充血性心衰、中风发生的风险（O'Keefe et al.，2018）。

哈佛医学院的研究也表明，咖啡摄入可降低发生心力衰竭的风险，其中每天饮用4杯咖啡时风险最低（Mostofsky et al.，2012）。

第七节　咖啡与减肥

　　咖啡中含有的对减肥有益的成分物质包括咖啡因、绿原酸和奎尼内酯等。咖啡因在体内可以产生热性，从而加速能量消耗；有排水利尿作用，有效缓解水肿性肥胖。绿原酸具有延缓脂肪吸收的效果，帮助抑制已摄入的油脂在肠内的吸收。奎尼内酯可以促进细胞对油脂的排除（摩天文传，2014）。

　　昆明医科大学开展的云南小粒咖啡类黑精（类黑精是指咖啡在烘焙过程中产生的一类结构复杂的大分子化合物的聚合体）减肥功能的研究结果表明，高质量浓度（72克/100毫升）的云南小粒咖啡类黑精具有一定的减肥作用，能抑制大鼠体质量的增加，减少肝脏内脂肪堆积，对肝脏具有一定的保护作用（王瑶等，2019）。

　　另外有报道称，利用咖啡渣按摩也可起到减肥或局部瘦身的效果。直接用咖啡渣按摩可以使肌肤光滑有弹性；用咖啡渣调配适量咖啡，在容易囤积脂肪的小腹、大腿、腰臀等部位，沿着血液、淋巴的流动方向朝心脏部位按摩，能达到分解脂肪的减肥效果，在沐浴的时候按摩效果会更好（吕鑫，2007）。

　　咖啡分解脂肪的作用来自咖啡因，但咖啡因在体内必须达到一定浓度时，才能起到促进脂肪分解的作用。一般而言，一个体重60千克的人每天需要300～360毫克的咖啡因，而一杯咖啡中含100～120毫克的咖啡因，所以每天喝3杯咖啡基本可以达到预期的效果（南朝君，2014）。

　　此外，有研究指出咖啡配合苦瓜等制成的咖啡苦瓜饮料也具有明显的降血脂功能（韩在祺等，2019）。

第八节　咖啡与抑郁症

咖啡因能促进人体某些精神传导物质的释放，如多巴胺等物质，能够帮助调节情绪和降低抑郁（景胜，2011）。

青岛大学研究发现，咖啡摄入量与抑郁症风险呈线性负相关：在一定范围内，每天多喝一杯咖啡，抑郁症风险可降低 8%。而咖啡因的摄入与抑郁症风险呈非线性负相关，当每天咖啡因摄入量在 68 毫克以上且少于 509 毫克时，这种风险会降低得更快（Wang et al., 2016）。

韩国庆熙大学开展了一项关于饮用绿茶、咖啡和咖啡因与抑郁症之间的关联的调查研究。该研究总共调查了 9 576 名年龄在 19 岁或以上的参与者（3 852 名男性和 5 724 名女性）。结果显示，经常喝咖啡（≥2 杯 / 天）的人抑郁症患病率比不喝咖啡的人低 32%（Jiwon et al., 2018）。

哈佛大学一项新的研究显示，每天喝咖啡的女性得抑郁症的可能性，比不喝咖啡的女性低。研究人员在 10 年间跟踪调查了 5 万名女性，结果显示：与那些很少喝咖啡的女性比较，每天饮用 4 杯以上咖啡的女性，患抑郁症的风险降低了 20%，每天喝 2～3 杯的则降低了 15%（景胜，2011）。

第九节　咖啡与痛风

咖啡中除咖啡碱可抑制黄嘌呤氧化酶（尿酸产生所需的酶）外，其含有的绿原酸也可作为强抗氧化剂而降低尿酸水平，且这种效应随着咖啡的摄入量增加而增强（魏华，2020）。

2007 年，美国报道了一项来自加拿大不列颠哥伦比亚大学和美国哈佛大学医学院联合开展的一项大规模调查成果（Choi et al.，2007）。该研究共纳入 45 869 名无痛风病史的男性，并对其进行了为期 12 年的跟踪调查。统计分析发现，多喝咖啡的人，血液中尿酸水平会明显降低，与不喝咖啡的人相比，每日饮用 4～5 杯咖啡的人痛风发病概率可降低 40%，每日饮用 6 杯以上者风险可降低 59%。该研究同时指出，脱因咖啡也具有类似的效果，每天饮用 1～3 杯可降低风险 33%。

2020 年，另一篇来自《美国临床营养学杂志》的文章也指出，长期饮用咖啡的女性患痛风的风险较不饮咖啡者明显降低。该研究是由波士顿大学和哈佛大学医学院的研究人员对美国的 89 433 名护士进行的长达 26 年的追踪调查，与不喝咖啡的人相比，每天喝 4 杯（948 毫升）咖啡的女性比从不饮用咖啡者痛风的患病率降低 57%。每天饮用 1 杯以上脱因咖啡者，痛风风险也可降低 23%（Choi et al.，2020）。

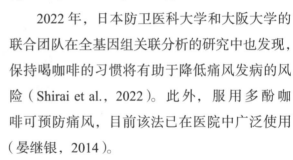

2022 年，日本防卫医科大学和大阪大学的联合团队在全基因组关联分析的研究中也发现，保持喝咖啡的习惯将有助于降低痛风发病的风险（Shirai et al.，2022）。此外，服用多酚咖啡可预防痛风，目前该法已在医院中广泛使用（晏继银，2014）。

第十节　咖啡与哮喘

　　咖啡可预防哮喘。规律地摄入特定咖啡因含量的咖啡，可以防止哮喘患者慢性及急性的气管阻塞，防止生活在高污染地区人群出现慢性阻塞性肺病（佚名，2012a）。

　　在苏格兰，从1859年起就有人尝试用咖啡因来帮助哮喘病人呼吸，收到了良好的效果。于是100年间，咖啡因治疗哮喘的功效始终备受推崇。时至今日，多个具有代表性的医学研究结果，也再次检验了咖啡及茶的饮用量与引起哮喘病二者之间的关系（张晔等，2010）。

　　研究表明，咖啡的饮用量和患哮喘的可能性成反比。与不喝咖啡的人相比，每天喝3杯或3杯以上咖啡的人患哮喘的可能性降低28%（Pagano et al.，1988）。而韩国的研究表明，每天喝1～2次，每次喝1杯咖啡，可对哮喘病人起保护作用（Wee et al.，2020）。

第十一节　咖啡与胆结石

　　咖啡可减少胆结石的发病率。1999年，《浙江中医杂志》报道了美国哈佛大学的研究人员用10年时间对46 000多人就饮用咖啡与胆结石病的关系进行的跟踪调查研究结果。结果显示，每天至少喝2杯咖啡可大大降低男性得胆结石的风险。丹麦科研机构对咖啡饮用量与胆结石发病率之间的关系进行了一项为期40年的跟踪研究，参试人群超过10万，研究发现，高咖啡摄入量与低胆结石发病率相关。与不喝咖啡的参试者相比，每天多喝一杯咖啡可使胆结石患病风险降低3%。每天喝6杯以上者可使胆结石患病风险降低23%（Nordestgaard et al.，2020）。

第十二节　咖啡与牙齿

喝咖啡不仅能起到提神的作用，还能保护人们免受牙周病的困扰。美国研究人员选取了 1 152 名男性自 1968 年至 1998 年牙齿的数据资料，在排除了一些影响因素（如饮酒、教育、糖尿病状态、身高体重指数、吸烟、刷牙和使用牙线的频率等）后发现，喝咖啡与出现牙周骨质流失的牙齿数的减少之间存在一定关联性。研究者认为，成年男性喝咖啡可预防牙齿牙周骨质流失。这说明，喝咖啡对预防牙周病还起到了一定的作用（臧恒佳，2014）。

咖啡有防止蛀牙的作用。意大利阿戈纳大学的科学家发现，咖啡中的某些化学物质能够有效阻止细菌在牙齿表面的滋生，从而起到防止蛀牙的作用。实验中，研究人员将人工合成的模拟牙齿表面物质浸在类似人类唾液成分的溶液中，结果发现，咖啡中的葫芦巴碱等物质，能防止引起蛀牙的罪魁祸首变异链球菌附着在牙齿表面（尧尧，2009）。

第十三节　咖啡与辐射

印度巴巴原子研究中心科学家发现，咖啡能保护实验鼠免受辐射之害。由此科学家认为，饮用咖啡对人类防辐射也适用。研究人员让实验鼠摄入咖啡因（按每千克体重摄入 80 毫克咖啡因），然后将它们置于足够致死强度的镭射线中，25 天以后研究人员发现有 70% 的实验鼠仍然健康活着。而对照组的（未摄入咖啡因的老鼠），在同样的辐射条件下全部死亡（周秀琴，2004）。

饮用咖啡越多，宫颈癌患者发生放射性治疗引起的迟发性损伤越少（张雅德，1993）。

第十四节　咖啡与关节炎

咖啡或能治疗风湿性关节炎。伊朗设拉子医科大学科研小组于2015—2016年对该机构3个诊所的500名类风湿性关节炎患者和500名健康者进行了问卷调查，研究发现每月喝一杯以上咖啡和绿茶，就可能对类风湿关节炎有预防作用（Rambod et al.，2018）。

日本人发明了咖啡体外疗法，把人体埋在炒热的咖啡粉堆里（温度达50℃以上），只露出头部呼吸，让咖啡热敷人体。据说可以治疗风湿、关节炎等一些慢性疾病（魏德宝，1986）。

第十五节　咖啡与癌症

一、咖啡与肝癌

多项研究表明，咖啡能够降低肝癌的发生风险。

美国明尼苏达大学共济会癌症中心针对 63 257 名 45～74 岁的中老年华人进行调查研究后发现，与不喝咖啡的人相比，每日饮用3杯或3杯以上咖啡者，肝癌患病风险可降低 44%（Johnson et al.，2011）。

意大利米兰大学研究人员报道了饮用咖啡与肝癌或相关的病例对照或队列的研究结果。研究人员通过对 3 153 例肝癌病例的研究发现，无论受试者的性别、饮酒史、肝炎或肝病史如何，咖啡与肝癌风险的负相关关系都是一致的。任意咖啡摄入量组与无咖啡摄入量组相比，肝癌的发生风险降低了40%（Bravi et al.，2013）。

适量饮用咖啡对慢性乙型肝炎病毒（HBV）携带者（患肝癌的高风险人群）有保护作用。日本国家癌症研究中心科研小组调查了 18 815 名年龄为 40～69 岁的受试者。受试验者于 1993—1994 年参加问卷调查和健康体检，于 2006 年参与肝癌发病率的跟踪调查。研究结果表明，无论 HBV（乙肝病毒）和 HCV（丙肝病毒）感染状况如何，喝咖啡都可以降低患肝癌的风险，而绿茶可能不会降低这种风险。研究人员分析后得出结论，排除吸烟等因素，每天喝咖啡的人与每天基本不喝咖啡的人相比，肝癌发病率要少 51%；一天喝 5 杯以上咖啡者，肝癌发病率仅为不喝咖啡者的 1/4（Inoue et al.，2009）。

中国香港新界沙田威尔斯亲王医院公共卫生及基层医疗学院于 2007 年 12 月至 2008 年 5 月在香港威尔斯亲王医院招募了 234 名 HBV 慢性携带者开展了病例对照研究。研究发现，适度饮用咖啡降低了几乎一半的肝细胞癌风险，并具有显著的剂量反应效应，可将适度饮酒者的肝癌风险降低 59%（Leung et al.，2011）。

二、咖啡与胃癌

哥伦比亚卡利艾西大学的研究人员，在预印本网站 Preprints 上发表了一篇文章，研究了咖啡摄入量与胃癌之间的相关性。结果表明，咖啡摄入量与胃癌风险呈负相关。也就是说，更多摄入咖啡有助于降低胃癌发生风险。同时，研究人员通过数学模型估算出在一个特定国家，每人每年大约需要 7 千克咖啡才能将胃癌死亡率降低（Parra et al.，2020）。

南京医科大学附属常州第二人民医院研究了咖啡因对于胃癌细胞的抑制效果及作用机制，结果显示咖啡因能显著抑制胃癌细胞生长和生存活力，并且通过特定途径促进胃癌细胞的凋亡（刘寒旸等，2017）。

日本的研究人员公布了一项关于咖啡的新研究成果：咖啡有助于预防常见类型的肝癌。研究人员在对 90 000 名日本人进行研究后发现，每天或者几乎每天都喝咖啡的人得肝癌的几率是从不喝咖啡的人的一半。每天喝 1～2 杯咖啡，这种预防作用开始体现，喝 3～4 杯预防作用更强（党琦，2005）。

《中国保健食品》2001 年 14 卷第 8 期报道了日本的一项咖啡抑制幽门螺旋杆菌的繁殖试验结果。日本研究人员在 3 个冬季做过这样的试验：在两个冬季，分别在浓度为 10% 与 20% 的咖啡中加入幽门螺杆菌，而在另一个冬季则在菌中不加任何东西。经 72 小时培养后，发现不加东西的幽门螺杆菌大量地增殖，而即使加入浓度为 1% 的咖啡，幽门螺杆菌的增殖也明显地受到抑制。

一项涉及新加坡华人的调查发现，每天喝 3 杯或 3 杯以上咖啡可以把患肝癌的风险降低 44%。新加坡国立大学流行病学系的研究人员提出，咖啡豆中发现的两种油类咖啡醇和咖啡豆醇具有护肝的功效（章一鸣，2011）。

三、咖啡与结（直）肠癌

美国南加州大学诺里斯综合癌症中心调查了 5 145 名结（直）肠癌患者病例和 4 097 名对照者的咖啡摄入与结（直）肠癌风险之间的关联。研究人员还按咖啡类型、癌症部位（结肠和直肠）和种族亚群（德系犹太人、塞法迪犹太人和阿拉伯人）调查了这种关联。结果发现，总体而言，咖啡摄入会降低 26% 患结（直）肠癌的风险（Schmit et al., 2016）。

瑞典乌普萨拉大学癌症流行病学组在瑞典斯德哥尔摩开展的一项研究评估了咖啡的摄入量与结肠癌和直肠癌的危险因素之间的关系，该研究共包括 352 例结肠癌、217 例直肠癌和 512 例对照者。研究表明，高咖啡摄入量与结肠癌风险呈负相关：与每天喝 1 杯甚至更少咖啡的人相比，每天喝 6 杯或更多杯咖啡的人的患结肠癌的风险降低 45%，但是对直肠癌的风险却没有影响（Baron et al., 1994）。

波士顿达纳法博癌症中心研究发现，大肠癌患者每天喝 4 杯或 4 杯以上的咖啡，可能大幅降低确诊为大肠癌Ⅲ期患者的复发和死亡风险。与从不饮咖啡的患者相比，每天饮用 4 杯或 4 杯以上咖啡（约 460 克以上的咖啡因），可以使Ⅲ期患者结肠癌复发或死亡率的风险降低 42%（Guercio et al., 2015）。

四、咖啡与乳腺癌

香港中文大学医学院 2015 年在 *Scientific Reports* 在线发表了一篇饮用咖啡与乳腺癌发生关系的研究论文。该项研究以中国香港女性为主要调查对象，用调查问卷的方式调查了 2 169 例 24～84 岁的中国女性，询问其饮用咖啡的类型、杯数和持续时间，并计算不同咖啡制品和乳腺癌发生之间的风险比值。结果发现，与不习惯喝咖啡的人相比，饮用速溶咖啡的女性与患乳腺癌风险呈正相关，饮用 10 年速溶咖啡的女性患乳腺癌风险会增加 48%。而饮用冲煮咖啡的女性与患乳腺癌风险呈负相关，乳腺癌发病风险低 52%（Lee et al.，2019）。我国河北医科大学第四医院研究发现，咖啡摄入量与乳腺癌风险之间存在负相关，尤其是在绝经后和欧洲女性中（Li et al.，2021）。

美国哈佛大学和加拿大多伦多大学的一项科学研究显示，咖啡还能提高乳腺癌患者的生存率（Farvid et al.，2021）。该项研究一共涉及 8 900 名乳腺癌患者，科学家们每隔 4 年定期对她们的咖啡摄入情况与生存状况进行了研究分析和评估，随访共 30 年。最终研究发现，咖啡摄入量较高的患者，乳腺癌特异性死亡率较低，每天喝 3 杯以上咖啡的患者，死亡率降低 25%。

五、咖啡与前列腺癌

中国医科大学附属盛京医院等人开展了一项关于咖啡摄入量与前列腺癌风险关系的研究（Chen et al.，2021）。该研究纳入了超过 100 万名男性，包含 57 732 例前列腺癌病例，结果发现，喝大量咖啡能降低患前列腺癌的风险。与咖啡饮用量最低（不到 2 杯）的男性相比，每天 2～9 杯或更多咖啡的人，患前列腺癌的风险降低了 9%。

哈佛大学公共卫生学院一项研究报道指出，普通咖啡和脱因咖啡都有这种效果，这表明起到预防效果的是咖啡中除了咖啡因之外的其他成分（Wilson et al.，2011）。

饮用咖啡还可降低前列腺癌恶化与复发的几率。美国福瑞德·哈金森癌症研究中心研究了咖啡摄入量与前列腺癌症复发/恶化的关系分析，该研究涉及 630 名患者，平均随访 6.4 年，在此期间记录了前列腺癌症复发/恶化病例 140 例。研究发现，与每周饮用咖啡少于 1 杯的男性相比，每天饮用 4 杯或 4 杯以上咖啡的男性，其前列腺癌复发或恶化的几率降低了 59%（Geybels et al.，2013）。

六、咖啡与头颈癌

头颈癌包括口腔癌、鼻癌、鼻窦癌、唾液腺癌等。

除了戒烟戒酒外，还可通过饮用咖啡来预防头颈癌。美国《癌流行病学：生物标记与预防》报道了美国犹他州大学一项关于咖啡可有效预防头颈癌的研究成果。科研人员将 5 139 例病例和 9 028 例健康人群的喝咖啡习惯加以对比后得出结论：含咖啡因的咖啡摄入量与口腔和咽癌的风险呈负相关，与不喝咖啡的人相比，每天喝 4 杯以上可使患口腔癌和咽癌的可能性降低 39%（Galeone et al.，2010）。

日本研究人员在大阪市 2010 年举行的日本癌症学会会议上宣布，大量喝咖啡的人，口腔和咽部患头颈癌症的风险将会降低。研究小组调查了 2 883 名健康人以及 961 名头颈癌、食道癌患者的生活习惯后研究发现，与每天饮用不到 1 杯的人相比，如果每天饮用 2 杯以上咖啡，患头颈癌的风险将会降低，每天饮用 3 杯以上者将降低近一半患癌风险。

七、咖啡与子宫内膜癌

上海交通大学研究人员针对咖啡摄入量与癌症发病率之间的关联进行了研究分析，结果发现咖啡摄入量与子宫内膜癌发生风险之间呈负相关关系（Zhao et al.，2020）。广西医科大学第一附属医院也开展了"饮用咖啡与子宫内膜癌发病风险相关性的系统评价"的研究，该研究共涉及调查对象超过 51 万人，其中子宫内膜癌患者 4 484 例。研究人员对她们的咖啡饮用习惯进行调查分析后发现：妇女经常饮用咖啡（2 杯以上 / 天）可降低子宫内膜癌的发病风险，大量饮用咖啡（5 杯以上 / 天）可明显降低子宫内膜癌发病风险（黄世金等，2013）。

哈佛大学公共卫生学院研究人员选择 67 470 名 34～59 岁的女性作为调查

对象，通过调查问卷记录她们的咖啡饮用习惯，共随访 26 年。研究发现，与日饮小于 1 杯的女性相比，日饮 4 杯或更多的咖啡，女性可降低 25% 患子宫内膜癌的风险（Je et al.，2011）。

有研究指出，咖啡的摄入可以明显降低子宫内膜癌发生的风险，但是这一作用会受到 BMI（身体质量指数）和激素治疗史的影响（Zhou et al.，2015）。

八、咖啡与肾癌

哈佛大学医学院通过对 13 项前瞻性研究（530 469 名女性和 244 483 名男性）的汇总分析中评估了咖啡的摄入量与肾癌风险之间的关联性。研究结果显示，饮用咖啡不会增加肾癌的风险。相反，更多地饮用咖啡可能与肾癌的风险降低有关。与每天饮用少于 1 杯咖啡的人相比，每天饮用 3 杯以上咖啡的人患肾癌的风险可降低 16%（Lee et al.，2007）。

《食品工业》2020 年报道了云南农业大学的一项研究成果。该项研究发现，咖啡因能够与细胞内葡萄糖代谢相关的酶（葡萄糖 -6- 磷酸脱氢酶，G6PDH）结合，抑制其生物酶活性，调节氧化还原稳态，从而抑制肾癌的发展，揭示了咖啡因抑制肾癌的分子机制。

九、咖啡与脑癌

美国布朗大学的研究表明，与每天饮用少于 100 毫升咖啡和茶的人相比，每天饮用超过 100 毫升咖啡和茶的人患脑神经胶质瘤风险可降低 34%（Michaud et al.，2010）。

20 世纪 90 年代至 21 世纪初，日本曾开展了一项关于日本人群咖啡摄入和脑肿瘤风险之间关联的研究。该研究涉及的调查对象共 106 324 人，年龄为 40～69 岁；该研究始于 1990 年，2012 年结束。20 余年的调查期间，共 157

人被诊断为患脑肿瘤。研究人员对调查结果分析后发现，喝咖啡可以降低患脑肿瘤的风险。与日饮不足 1 杯的人群相比，每天喝 3 杯以上咖啡的人群，患脑肿瘤的风险少 53%（Ogawa et al.，2016）。

参考文献

陈培章，2019-10-19. 常喝咖啡降低胆结石风险 [N]. 厦门晚报（A14）.

陈琪，2022. 维护心血管健康，防控心血管疾病 [J]. 南京医科大学学报（社会科学版），22（5）：426-429.

党琦，2005. 喝咖啡有助防肝癌 [J]. 中国保健食品（4）：1.

韩在祺，昌盛，冯波，等，2019. 苦瓜咖啡饮料的研制及其减肥功能的研究 [J]. 吉林医药学院学报，40（1）：9-12.

黄世金，徐红，韦玮，2013. 饮用咖啡与子宫内膜癌发病风险相关性的系统评价 [J]. 中国循证据医学杂志，13（3）：313-319.

景胜，2011-10-27. 女性适量喝咖啡少得抑郁症 [N]. 保健时报（第6版）.

李木子，2021-11-26. 多喝咖啡预防老年痴呆 [N]. 中国科学报（第2版）.

刘寒旸，宋军，周艳，等，2017. 咖啡因通过 Caspase 通路促进胃癌细胞凋亡的研究 [J]. 实用临床医药杂志，21（13）：40-44.

刘疏影，陈彪，2016. 帕金森病流行现状 [J]. 中国现代神经疾病杂志，16（2）：98-101.

吕鑫，2007. 瘦身忠告 [M]. 广州：广东教育出版社.

摩天文传，2014. 选对色彩轻松减肥 [M]. 长春：吉林科学技术出版社.

南朝君，2014. 食疗、营养与烹调 [M]. 北京：中国医药科技出版社.

潘鸿生，2011. 健康经典399[M]. 长春：吉林科学技术出版社.

苏钰，2020. PEG-17P 抗二型糖尿病活性研究 [D]. 长春：吉林大学.

孙辉，夏明红，陈顺吉，2017. 药理学 [M]. 延吉：延边大学出版社.

王佳赢，2012. 慢性肝病不同病程阶段病机证素分布特点临床调查研究 [D].

南京：南京中医药大学.

王瑶，王晓娜，张雪辉，等，2019. 云南小粒咖啡类黑精的抗氧化及减肥功能 [J]. 食品科学，40（1）：183-189.

魏德宝，1986. 果品营养与食疗 [M]. 北京：中国林业出版社.

魏华，2020. 名医面对面丛书　痛风怎么办 [M]. 广州：广东科技出版社.

晏继银，2014. 无影灯下笔谈　一个泌尿外科医生40年的从医历程 [M]. 武汉：湖北科学技术出版社.

尧尧，2009-08-26. 喝咖啡防蛀牙 [N]. 吉林日报（第11版）.

佚名，1999. 咖啡预防胆结石 [J]. 浙江中医杂志（8）：45.

佚名，2001. 淡咖啡可防胃癌 [J]. 中国保健食品，14（8）：49.

佚名，2007. 喝咖啡可预防胆结石 [J]. 四川食品与发酵，140（6）：40.

佚名，2012a. 咖啡杯中的健康因子 [J]. 四川农业科技（12）：57.

佚名，2012b. 专家认为长期适量饮用咖啡可降低糖尿病发病率 [J]. 中国食品学报，12（3）：130.

佚名，2013. 澳大利亚研究：咖啡因提神有助减少撞车事故 [J]. 饮料工业，16（4）：35.

佚名，2020. 研究发现咖啡功效新靶点：可抗氧化和抑制肾癌 [J]. 食品工业，41（11）：331.

佚名，2021. 咖啡如何做到提神醒脑 [J]. 中国食品工业（9）：95.

臧恒佳，2014. 喝咖啡可护牙 [J]. 健康世界（12）：6.

张庆，陈淑瑜，2015. 护理药理学 [M]. 北京：中国医药科技出版社.

张雅德，1993. 咖啡因可能预防放射毒性 [J]. 国外医学情报（19）：8.

张晔，左小霞，2010. 这样喝咖啡最健康 [M]. 南宁：广西科学技术出版社.

章一鸣，2011. 新加坡一项研究称喝咖啡有助防肝癌 [J]. 食品开发（4）：40.

周秀琴，2004. 印度发现咖啡防辐射 [J]. 食品信息与技术（12）：1.

祝健，2007. 咖啡绿茶可预防糖尿病 [J]. 祝您健康（11）：55.

BARON J A, GERHARDSSON V M, EKBOM A, 1994. Coffee, tea, tobacco, and cancer of the large bowel[J]. Cancer Epidemiol Biomarkers Prev, 3: 565-570.

BRAVI F, BOSETTI C, TAVANI A, et al., 2013. Coffee reduces risk for hepatocellular carcinoma: an updated Meta-analysis[J]. Clinical Gastroenterology and Hepatology, 11: 1413-1421.

BRUCE FIFE, 2017. 即时遏止阿尔茨海默病 [M]. 张贻新，译. 上海：上海科学普及出版社.

CHEN X N, ZHAO Y Q, TAO Z J, et al., 2021. Coffee consumption and risk of prostate cancer: a systematic review and meta-analysis[J]. BMJ open, 11(2): e038902.

CHOI H K, CURHAN G, 2020. Coffee consumption and risk of incident gout in women: the Nurses' Health Study[J]. The American Journal of Clinical Nutrition, 92(4): 922-927.

CHOI H K, WILLETT W, CURHAN G, 2007. Coffee consumption and risk of incident gout in men: a prospective study[J]. Arthritis Rheum, 56(6): 49-55.

CHOI Y, CHANG Y, RYU S, et al., 2015. Coffee consumption and coronary artery calcium in young and middle-aged asymptomatic adults[J]. Heart(British Cardiac Society), 101(9): 686-691.

DING M, BHUPATHIRAJU S N, CHEN M, et al., 2014. Caffeinated and decaffeinated coffee consumption and risk of type 2 diabetes: a systematic review and a dose-response meta-analysis[J]. Diabetes Care, 37(2): 569-586.

DRISCOLL I, SHUMAKER S A, SNIVELY B M, et al., 2016. Relationships between caffeine intake and risk for probable dementia or global cognitive impairment: the women's health initiative memory study[J]. The Journals of Gerontology: Series A, 71(12): 1596-1602.

FARVID M S, SPENCE N D, ROSNER B A, et al., 2021. Post-diagnostic coffee and tea consumption and breast cancer survival[J]. Br J Cancer, 124: 1873-1881.

GALEONE C, TAVANI A, PELUCCHI C, et al., 2010. Coffee and tea intake and risk of head and neck cancer: pooled analysis in the international head and neck cancer epidemiology consortium[J]. Cancer Epidemiol Biomarkers Prev, 19(7):

1723-1736.

GARDENER S L, RAINEY-SMITH S R, VILLEMAGNE V L, et al., 2021. Higher coffee consumption is associated with slower cognitive decline and less cerebral a β-amyloid accumulation over 126 months: data from the australian imaging, biomarkers, and lifestyle study[J]. Frontiers in Aging Neuroscience, 13: 1-8.

GEYBELS M S, NEUHOUSER M L, WRIGHT J L, et al., 2013. Coffee and tea consumption in relation to prostate cancer prognosis[J]. Cancer Causes Control, 24: 1947-1954.

GUERCIO B J, SATO K, NIEDZWIECKI D, et al., 2015. Coffee intake, recurrence, and mortality in stage Ⅲ colon cancer: results from CALGB 89803(Alliance)[J]. Journal of Clinical Oncology Official Journal of the American Society of Clinical Oncology, 33(31): 3598-3607.

INOUE M, KURAHASHI N, IWASAKI M, et al., 2009. Effect of coffee and green tea consumption on the risk of status liver cancer; cohort analysis by hepatitis virus infection status[J]. Cancer Epidemiol Biomarkers Prev, 18: 1746-1753.

JE Y, HANKINSON S E, TWOROGER S S, et al., 2011. A prospective cohort study of coffee consumption and risk of endometrial cancer over a 26-year follow-up[J]. Cancer Epidemiol Biomarkers Prev, 20(12): 2487-2495.

JIWON K, JIHYE K, 2018. Green tea, coffee, and caffeine consumption are inversely associated with self-report lifetime depression in the korean population[J]. Nutrients, 10(9): 1201.

JOHNSON S, KOH W, WANG R W, et al., 2011. Coffee consumption and reduced risk of hepatocellular carcinoma: findings from the Singapore Chinese Health Study[J]. Cancer Causes Control, 22: 503-510.

KENNEDY O J, FALLOWFIELD J A, POOLE R, et al., 2021. All coffee types decrease the risk of adverse clinical outcomes in chronic liver disease: a UK Biobank study[J]. BMC Public Health, 21(1): 970.

KLATSKY A L, ARMSTRONG M A, 1992. Alcohol, smoking, coffee, and cirrhosis[J]. American Journal of Epidemiology, 136(10): 1248-1257.

LARSSON S C, WOLK A, 2007. Coffee consumption and risk of liver cancer: a meta-analysis[J]. Gastroenterology, 132(5): 1740-1745.

LEE J E, HUNTER D J, SPIEGELMAN D, et al., 2007. Intakes of coffee, tea, milk, soda and juice and renal cell cancer in a pooled analysis of 13 prospective studies[J]. International Journal of Cancer, 121(10): 2246-2253.

LEE P M Y, CHAN W C, KWOK C H, et al., 2019. Associations between coffee products and breast cancer risk: a case-control study in Hong Kong Chinese Women[J]. Scientific Reports, 9(1): 12684.

LEUNG W W, HO S C, CHAN H L Y, et al., 2011. Moderate coffee consumption reduces the risk of hepatocellular carcinoma in hepatitis B chronic carriers: a case-control study[J]. J Epidemiol Community Health, 65: 556-558.

LI Y L, MA L, 2021. The association between coffee intake and breast cancer risk: a meta-analysis and dose-response analysis using recent evidence[J]. Annals of Palliative Medicine, 10(4): 3804-3816.

MICHAUD D S, GALLO V, SCHLEHOFER B, 2010. Coffee and tea intake and risk of brain tumors in the European Prospective Investigation into Cancer and Nutrition(EPIC) cohort study[J]. The American journal of clinical nutrition, 9(5): 1145-1150.

MOSTOFSKY E, RICE M S, LEVITAN E B, et al., 2012. Habitual coffee consumption and risk of heart failure: a dose-response meta-analysis[J]. Circulation. Heart failure, 5(4): 401-405.

NORDESTGAARD A T, STENDER S, NORDESTGAARD B G, et al., 2020. Coffee intake protects against symptomatic gallstone disease in the general population: a Mendelian randomization study[J]. Journal of Internal Medicine, 287(1): 42-53.

OGAWA T, SAWADA N, IWASAKI M, et al., 2016. Coffee and green tea consumption in relation to brain tumor risk in a Japanese population[J].

International Journal of Cancer, 139(12): 2714-2721.

O'KEEFE J H, DINICOLANTONIO J J, Lavie C J, 2018. Coffee for cardioprotection and longevity[J]. Progress in Cardiovascular Diseases, 61(1): 38-42.

PAGANO R, NEGRI E, DECARLI A, et al., 1988. Coffee drinking and prevalence of bronchial asthma[J]. Chest, 94(2): 386-389.

PARRA-LARA L G, MENDOZA-URBANO D M, BRAVO J C, et al., 2020. Coffee consumption, antioxidant properties and stomach cancer[J]. Preprints.

RAMBOD M, NAZARINIA M, RAIESKARIMIAN F, 2018. The impact of dietary habits on the pathogenesis of rheumatoid arthritis: a case-control study[J]. Clin Rheumatol, 37(10): 2643-2648.

ROSS G W, ABBOTT R D, PETROVITCH H, et al., 2000. Association of coffee and caffeine intake with the risk of Parkinson disease[J]. Journal of the American Medical Association, 283(20): 2674-2679.

SCHMIT S L, RENNERT H S, RENNERT G, et al., 2016. Coffee consumption and the risk of colorectal cancer[J]. Cancer Epidemiology, Biomarkers & Prevention, 25(4): 634-639.

SETIAWAN V W, WILKENS L R, LU S C, et al., 2015. Association of coffee intake with reduced incidence of liver cancer and death from chronic liver disease in the US multiethnic cohort[J]. Gastroenterology, 148(1): 118-125.

SHIRAI Y, NAKAYAMA A, KAWAMURA Y, et al., 2022. Coffee consumption reduces gout risk independently of serum uric acid levels: mendelian randomization analyses across ancestry populations[J]. ACR Open Rheumatology, 4(6): 534-539.

TVERDAL A, SKURTVEIT S, 2003. Coffee intake and mortality from liver cirrhosis[J]. Ann Epidemiol, 134: 19-23.

VAN WOUDENBERGH G J, VLIEGENTHART R, VAN ROOIJ F J A, et al., 2008. Coffee consumption and coronary calcification: the Rotterdam Coronary

Calcification Study[J]. Arteriosclerosis, thrombosis, and vascular biology, 28(5): 1018-1023.

WANG L, SHEN X, WU Y, et al., 2016. Coffee and caffeine consumption and depression: A meta-analysis of observational studies[J]. The Australian and New Zealand Journal of Psychiatry, 50(3): 228-242.

WEE J H, YOO D M, BYUN S H, 2020. Analysis of the relationship between asthma and coffee/green tea/soda intake[J]. International Journal of Environmental Research and Public Health, 17: 7471.

WILSON K M, KASPERZYK J L, RIDER J R, et al., 2011. Coffee consumption and prostate cancer risk and progression in the health professionals follow-up study[J]. JNCI Journal of the National Cancer Institute, 103(11): 876-884.

ZHANG R, WANG Y, SONG B, et al., 2012. Coffee consumption and risk of stroke: a met-analysis of cohort studies[J]. Central European Journal of Medicine, 7(3): 310-316.

ZHAO L G, LI Z Y, FENG G S, et al., 2020. Coffee drinking and cancer risk: an umbrella review of meta-analyses of observational studies[J]. BMC Cancer, 20(1): 101.

ZHOU Q, LUO M L, LI H, et al., 2015. Coffee consumption and risk of endometrial cancer: a dose-response meta-analysis of prospective cohort studies[J]. Scientific Reports, 5(1): 13410.

第七章

咖啡渣妙用

据报道，咖啡渣中含有 20% 油脂、10% 蛋白质、58% 碳水化合物以及丰富的甘露聚糖和半乳糖成分（郭芬，2014）。在日常生活中，巧妙利用咖啡渣，便可变废为宝。

第一节　保养去角质

咖啡渣可温和去角质（图 7-1）。将 2 汤匙咖啡渣与 1 汤匙橄榄油在碗中混合，将得到的混合物涂抹在脸部与身体，同时轻轻按摩。针对较粗糙的部位，如膝盖、手肘、双脚加强按摩，最后仔细冲洗干净（斯蒂芬妮·阿侯·拉波特，2018）。使用咖啡渣去角质，要注意先过筛使粒子变细，才不会造成肌肤损伤，并且最好事先清洁肌肤，以加速矿物质的吸收，使肌肤变得更紧实有弹性（乐妈咪专业瘦身团队，2017）。

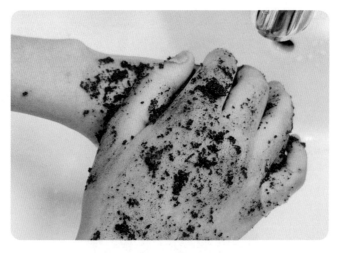

图 7-1　咖啡渣去角质（杨旸　供图）

第二节 做植物天然的肥料

咖啡渣中含有植物生长所需要的养分，把它倒入花盆中（图7-2），既能起到肥料的作用，还没有异味。如果在植物根部绕一圈咖啡渣，还可防止生虫，也能维持适当的湿度。但要注意，咖啡渣会降低土壤的pH值（使土壤偏酸），因此较适合用在杜鹃、草莓等喜好酸性土壤的植物上。以未发酵过的咖啡渣作为肥料时，使用的量不要太大，以免伤害植物（咖啡精品生活，2019）。

图7-2 用咖啡渣做花肥（杨旸 供图）

第三节 祛湿除异味

咖啡渣有很多细小的气孔，具有吸收湿气、去除异味的作用。据甘肃科技报介绍，将咖啡渣装在小盘中，放在厕所里可去除异味；缝在布袋里放进鞋柜，不但可充当芳香剂还能除湿，放在鞋子里，除臭效果更明显；铺在烟灰缸中（图7-3），可去除烟臭味，也更容易熄灭烟蒂；放进冰箱里（图7-4），能避免食物串味；放在房间墙角，吸收异味的同时还能防止虫蚁侵入。把日常生活中剩下的咖啡渣收在一个小罐中，放在厨房里，在切洋葱、剁蒜的时候可以抓一点在手上搓搓去除异味。此外，在收拾鱼虾蟹，或者吃海鲜的时候也可以用咖啡渣除去手上的腥味（金天明，2013）。

图 7-3　咖啡渣放在烟灰缸除异味
（杨旸　供图）

图 7-4　咖啡渣放冰箱中用于除湿、除异味
（杨旸　供图）

第四节　清洁去污

把咖啡渣倒进洗碗池中，用水冲洗洗碗槽，就可以去除排水管道里的臭气和油腻。咖啡渣可以代替洗涤剂，用来清洗餐具，不但能去除油污，还能使餐具焕然一新。用晒干的咖啡渣清洗餐具，除了效果胜过一般洗涤剂外，更重要

的是咖啡渣对人体安全无害，不像洗涤剂洗涤餐具后，不冲洗干净会对人体健康带来损害（周范林，2013）。

第五节　保养地板

咖啡本身富含油脂，咖啡渣也是一样，将晒干的咖啡渣用布袋或丝袜装起来之后，还可以用来打磨地板，可达到打蜡的效果，使地板变得很光亮（裴璐，2012）。

第六节　填充制作枕头、针线包

用干燥的咖啡渣做枕头填充物，可以帮助失眠者尽快入眠，改善失眠，提高睡眠质量。用旧丝袜包起咖啡渣，外面缝上一层普通织布，就可以充当针插（图7-5），能防止缝衣针生锈（杨华，2013）。

图 7-5　咖啡渣制作针线包（杨旸　供图）

第七节　创意绘画

如果你有一点艺术细胞的话，可以用咖啡渣和树叶做出一幅独特精美的画作（图 7-6）。

图 7-6　用咖啡渣作画（杨旸　供图）

参考文献

郭芬，2014．咖啡深加工 [M]．昆明：云南大学出版社．

金天明，2013．低碳生活知识 [M]．北京：中国民主法治出版社．

咖啡精品生活，2019．3 分钟爱上咖啡 [M]．南京：江苏凤凰科学技术出版社．

乐妈咪专业瘦身团队，2017．每天十分钟，轻松瘦一身 [M]．南昌：江西科学
　　技术出版社．

裴璐，2012．买菜做菜主妇经 [M]．上海：上海科学技术出版社．

斯蒂芬妮·阿侯·拉波特，2018．快读慢活出品．简单生活学 关于优雅、品
　　味、环保与慢活的美好生活指南 [M]．黄琪雯，贾翌君，译．南京：江苏凤
　　凰文艺出版社．

杨华，2013．科学第一视野 废物利用 [M]．北京：现代出版社．

佚名，2022-06-28．咖啡渣的妙用 [N]．甘肃科技报（第 6 版）．

周范林，2013．妙用大全 家事料理锦囊妙计 8 000 条 [M]．南京：东南大学出
　　版社．